Arnd Zschiesche
Oliver Errichiello

30 Minuten

Werbung

© 2014 SAT.1 www.sat1.de Lizenz durch ProSiebenSat.1 Licensing GmbH, www.prosiebensat1licensing.com

Bibliografische Information der Deutschen Nationalbibliothek

Die Deutsche Nationalbibliothek verzeichnet diese Publikation in der Deutschen Nationalbibliografie; detaillierte bibliografische Daten sind im Internet über http://dnb.d-nb.de abrufbar.

Umschlaggestaltung: die imprimatur, Hainburg
Umschlagkonzept: Martin Zech Design, Bremen
Lektorat: Dr. Sandra Krebs, GABAL Verlag GmbH, Offenbach
Satz: Zerosoft, Timisoara (Rumänien)
Druck und Verarbeitung: Salzland Druck, Staßfurt

© 2014 GABAL Verlag GmbH, Offenbach

Hinweis:
Das Buch ist sorgfältig erarbeitet worden. Dennoch erfolgen alle Angaben ohne Gewähr. Weder die Autoren noch der Verlag können für eventuelle Nachteile oder Schäden, die aus den im Buch gemachten Hinweisen resultieren, eine Haftung übernehmen.

Printed in Germany

ISBN 978-3-86936-566-4

In 30 Minuten wissen Sie mehr!

Dieses Buch ist so konzipiert, dass Sie in kurzer Zeit prägnante und fundierte Informationen aufnehmen können. Mithilfe eines Leitsystems werden Sie durch das Buch geführt. Es erlaubt Ihnen, innerhalb Ihres persönlichen Zeitkontingents (von 10 bis 30 Minuten) das Wesentliche zu erfassen.

Kurze Lesezeit

In 30 Minuten können Sie das ganze Buch lesen. Wenn Sie weniger Zeit haben, lesen Sie gezielt nur die Stellen, die für Sie wichtige Informationen beinhalten.

- Alle wichtigen Informationen sind blau gedruckt.

- Schlüsselfragen mit Seitenverweisen zu Beginn eines jeden Kapitels erlauben eine schnelle Orientierung: Sie blättern direkt auf die Seite, die Ihre Wissenslücke schließt.

- *Zahlreiche Zusammenfassungen innerhalb der Kapitel erlauben das schnelle Querlesen.*

- Ein Fast Reader am Ende des Buches fasst alle wichtigen Aspekte zusammen.

- Ein Register erleichtert das Nachschlagen.

Inhalt

Vorwort

Werbung muss kreativ sein.
Werbung muss witzig sein.
Werbung muss überraschen.

Alles Mumpitz.

Die einzige Aufgabe von Werbung ist es, zu werben. Dies kann auf kreative oder witzige Weise geschehen und prinzipiell auch Überraschendes beinhalten. Muss es aber nicht. Der allgemeine Anspruch an Werbung scheint jedoch in eine andere Richtung zu gehen: Man könnte meinen, die Aufgabe moderner Werbung sei in erster Linie die Unterhaltung der Zuschauer. Dafür scheint kein Gag zu flach, kein Spruch zu blöd, und man gewinnt den Eindruck, dass es nur noch darum geht, wer am lautesten ins mediale Megafon brüllt. Tenor: Je lauter, umso besser. Diese Einschätzung ist falsch. Kein Unternehmen sollte sein hart erarbeitetes Geld dafür investieren, Menschen zu unterhalten und/oder sich ihnen mit Lärm aufzudrängen. Jeder Euro, den Sie in Werbung investieren, muss einen Beitrag zu Ihrer Wertschöpfung leisten, ansonsten spenden Sie ihn lieber an eine gemeinnützige Institution, das ist weitaus sinnvoller.

Der US-Industrielle Henry Ford wird oft mit dem Satz zitiert: „Fünfzig Prozent bei der Werbung sind immer rausgeworfen. Man weiß aber nicht, welche Hälfte das ist." Seither scheint sich nichts geändert zu haben: Firmen, die keinen Cent für Kunst ausgeben und in denen das Controlling jedes Radiergummi hinterfragt, pumpen gleichzeitig ungezählte Euros in eine kreative Darstellung ihres Unternehmens – ohne irgendeine Sicherheit, ob die Investition sich rentiert. Dies funktioniert, weil die Werbebranche und ihr – marketingdeutsch – Output seit den 1960er-Jahren zu einem sagenumwobenen Mythenbottich mutiert ist, der bis heute starke Anziehungskraft besitzt. Ein Bottich, in dem sich kluge Menschen tummeln, die kreativ arbeiten möchten und bereit sind, dafür viel Lebenszeit zu opfern. Dabei gibt es einen dicken Haken: Leider fehlt es sowohl den Agenturprofis als auch den Unternehmen oft an wissenschaftlich fundiertem Grundwissen über Kommunikation und den Aufbau sozialer Anziehungskraft. Gute Werbung folgt Regeln, sie agiert in einem definierten Korridor und setzt eine intensive analytische Auseinandersetzung mit dem Unternehmen voraus. Diese Vorarbeit wird meist nicht geleistet.

Dieses Buch vermittelt, worauf es bei Werbung ankommt. Jenseits von Mythen und Geheimniskrämerei. Erfolgreiche Werbung ist keine magische Blackbox, die nur von hippen Kreativköpfen aus der nächstgelegenen Großstadt entschlüsselt werden kann. Gute Werbung ist nicht Ergebnis genialer Intuition, sondern harter Analysearbeit plus gesundem Menschenverstand. Hier zeigen wir Ihnen, wie es funktioniert.

Arnd Zschiesche und *Oliver Errichiello*

30 MINUTEN

1. Was macht gute Werbung aus?

Gute Werbung führt die Leistung eines Unternehmens auf möglichst einprägsame Weise vor. Was klingt wie eine Binsenweisheit, bildet in der Realität längst die Ausnahme. Davon unbenommen geht es bei guter Werbung „nur" um die Darstellung einer spezifischen Leistung, egal ob es sich um zehnlagiges Toilettenpapier, ungebremste Treppenlifte oder exklusive Automatikuhren vom Genfer See handelt: Jede ehrliche Leistung ist eine Leistung – diese gilt es zu kommunizieren. Der Auftraggeber investiert sein hart erarbeitetes Geld allein dafür, dass seine Leistung von der externen Werbeagentur oder auch der internen Werbeabteilung in ein positives Licht gerückt wird. Dafür kann erwartet werden, dass der Auftragnehmer sich intensiv mit den spezifischen Leistungen seines Auftraggebers auseinandersetzt, um im Anschluss ein seriöses, d.h. langfristig tragfähiges Konzept zu erarbeiten. Oft ist jedoch das Gegenteil der Fall.

1.1 Gute Werbung ordnet sich unter

Jedes Unternehmen, das sich dauerhaft im Markt behaupten will, muss über attraktive Produkte und/oder Dienstleistungen verfügen – sonst steht ihm irgendwann die Pleite ins Haus. Seine wirtschaftliche Existenz hängt von der zuverlässigen Erbringung und dem Verkauf der Leistung ab: Werbung soll den Absatz unterstützen und absichern – nichts anderes. Die spezifische Leistung des Unternehmens muss demnach möglichst attraktiv dargestellt werden und zudem Wiedererkennungswert besitzen. Die im Bereich Werbung gerne und viel beschworene Kreativität ist somit eine Kreativität, die sich in einem eng vorgegebenen Rahmen bewegt: Das Unternehmen und seine Leistungen stecken diesen Rahmen ab. Wichtig zu beachten: Keine Werbung der Welt kann aus einer schlechten Leistung eine gute machen (und sollte dies auch nie probieren).

Gute Werbung (be-)achtet die Marke

Jede Marke ist einzigartig und besitzt daher ihren individuell festgelegten Rahmen: Selbst wenn eine noch so ähnliche Leistung erbracht wird, verfügt jede Unternehmung über ihre völlig eigene Leistungsgeschichte: Lufthansa ist nicht Air Berlin, obwohl beide Firmen Passagiere von A nach B durch die Lüfte befördern. Audi ist nicht BMW, obwohl beide Firmen hochpreisige Autos produzieren. Kneipe A ist nicht Kneipe B, obwohl beide Hochprozentiges verkaufen. Hinter all diesen Dingen verbirgt sich mehr, und dieses „Mehr" gilt es zu analysieren: In dem von der Unternehmung und ihrer Geschichte vorgegebenen Leistungskorridor agiert seriöse Werbung. Ob hippes Designerlabel oder solide Eckkneipe – gute Werbung ordnet sich dem jeweiligen Rahmen unter. Wobei die Definition von Werbung niemals auf TV-, Radio- oder Printwerbung beschränkt sein darf – jede Form der Außenkommunikation eines Unternehmens kann und sollte(!) Werbung sein. Tupperware hat keine Werbekampagne benötigt, um eine bekannte Marke zu werden. Die Biermarke Oettinger hat (bis 2013) den Verzicht auf Werbung als Philosophie auf der Firmenwebsite „beworben": „Wir verzichten auf aufwendige und teure Werbung in den Medien, weil wir der Überzeugung sind, dass ein Produkt mit einem hervorragenden Preis-Leistungs-Verhältnis für sich selbst wirbt." So schaffte es die Marke zum Marktführer. Schade, dass sie nicht konsequent geblieben ist.

„Das Produkt ist der Held"

So formulierte der US-amerikanische Werbeguru Rosser Reeves in den 1960er-Jahren einen bis heute brandaktuellen Satz über gute Werbung. Oft führen Unternehmen multimediale Kampagnen durch, die für hohe Aufmerksamkeit sorgen: Viele Menschen sprechen anschließend über die Werbung – doch meistens sprechen schon deutlich weniger Menschen über das Unternehmen dahinter und noch viel weniger kaufen im Anschluss das Produkt. Man lacht über eine Printanzeige, einen TV-Spot, eine Facebook-Aktion, ist vielleicht sogar begeistert davon, erzählt das Erlebte überall weiter – nur läuft im Anschluss niemand in den Supermarkt, um dort umgehend die beworbene Margarine zu kaufen. Ein Tipp: Wenn Ihnen das nächste Mal jemand begeistert von einer „Super-Werbung" erzählt, fragen Sie sofort zurück: „Welche Marke wurde beworben?" Meist stockt die befragte Person bereits an dieser Stelle. Falls der Markenname tatsächlich im Gedächtnis hängen geblieben ist, haken Sie sofort nach: „Und, hast du das Produkt gekauft?"

Der Markensoziologe fasst das Phänomen so zusammen (nach Domizlaff): Sagt jemand: „Die Werbung ist super", dann war die Werbung schlecht. Sagt jemand: „Das Produkt ist super", dann war die Werbung gut. Auch die attraktivste Werbung führt nicht automatisch zum Kauf des Produktes. Das Produkt muss attraktiv dargestellt werden.

Aufmerksamkeit ist keine Werbung

Gerne schmücken sich Unternehmen mit Zahlen, die belegen, wie sympathisch, serviceorientiert oder kundenfreundlich die eigene Marke wahrgenommen wird. In dieser (Zahlen-)Logik wird Werbeerfolg daran gemessen, ob die Werbung es vermocht hat, den Bekanntheitsgrad der Marke prozentual zu erhöhen. Bei hippen Unternehmen wird von einer Steigerung der – neudeutsch – „Awareness" gesprochen (meint das Gleiche,

Gebrauch von Anglizismen belegt branchenübergreifend Weltläufigkeit). Im besten Falle wird stolz verlautbart, dass laut aktueller Umfrage mehr Menschen die lila Kuh von Milka kennen als die aktuelle deutsche Bundeskanzlerin. Das Ergebnis ist gesellschaftlich bedenklich, sagt aber nichts über die Markenstärke von Milka-Schokolade oder von Frau Merkel aus. Bei der Diskussion über Werbung wird Aufmerksamkeit oder Bekanntheit nämlich regelmäßig mit Markenstärke verwechselt: Eine Marke, die jeder kennt – die demnach viel Werbung betreibt –, ist in dieser Logik eine starke Marke. Das ist rundweg falsch. Es geht um ganz andere Fragen: Milka-Schokolade ist im Supermarkt ausverkauft – würden Sie einen Umweg fahren, um woanders eine Tafel Milka zu kaufen? Ihr bester Freund feiert seinen 50. Geburtstag; er liebt edle Schokoladen – würden Sie ihm Milka schenken? Antworten auf solche Fragen erlauben tiefere Rückschlüsse auf Markenstärke und Positionierung als jede Bekanntheitsquote.

Aufmerksamkeit allein reicht nicht

Wenn von einer Million Menschen, die eine Leistung kennen, nur fünf Personen die Leistung kaufen, dann nützt die Popularität dem Unternehmen wenig (Politiker müssen ihre Bekanntheit auch erst in Beliebtheit verwandeln). Reine Kenntnis muss in konkrete Kaufanreize verwandelt werden, sonst bringt sie nichts. Das Ziel guter Werbung ist daher, Aufmerksamkeit gezielt in eine vom Unternehmen intendierte Richtung zu lenken: Die Unternehmensleistung ist Fundament und Richtschnur für die Werbe-Dramaturgie; alle Energie muss in ihre einprägsame Darstellung fließen.

30 *Werbung kann nur erfolgreich sein, wenn sie sich den Vorgaben der Marke unterordnet. Jede Marke besitzt eine eigene Entstehungs- und Leistungsgeschichte. Gute Werbung orientiert sich an den Markenvorgaben und lenkt die Aufmerksamkeit gezielt auf deren Produkte und ihre Fähigkeiten. Aufmerksamkeit an sich ist kein Wert: Allein das Produkt (oder die Dienstleistung) steht im Mittelpunkt der Kommunikation.*

1.2 Gute Werbung lebt von Fokussierung

Im modernen urbanen Alltag wird der Mensch mehr oder minder ununterbrochen von zahllosen Werbeformen „beschossen". Schätzungsweise mit 3000 Werbebotschaften kommen wir tagtäglich in Kontakt. Selbst unser Kugelschreiber ist noch als Give-away mit einem Firmenschriftzug „gebrandet". Marken, ihre Kommunikation und ihre Produkte sind überall. Dank des nischensüchtigen Marketings findet sich heute kaum noch eine Nische ohne Produkt(e): Gab es in den 1970er-Jahren fünf Sportschuharten, so sind es im 21. Jahrhundert bereits weit über 300. Allein in Deutschland haben die Bürger etwa 350 Radiosender, 500 Wassermarken und über 2000 Magazine zur Auswahl. Zu Hause warten pro Jahr noch achtzig Kilogramm Werbepost darauf, von uns wahlweise wahrgenommen oder direkt entsorgt zu werden. In den letzten drißig Jahren wurden mehr Informationen produziert als in den 5000 Jahren davor. Warum ist dieses Wissen für jeden Werbetreibenden so wichtig?

Weil in dem Wust an Informationen nur das Unternehmen zum Konsumenten durchkommen kann, welches sich in der Kommunikation auf bestimmte Kernleistungen konzentriert und sein Angebot auf ein bis zwei Kernaussagen verdichtet: Wer zu viel sagt, sagt nichts. Halten Sie sich immer vor Augen, dass es selbst der ältesten und vielleicht bekanntesten Automarke der Welt, Mercedes-Benz, gerade einmal gelungen ist, vielleicht drei positive Vorurteile über die Markenleistung bei jedem „Normalmenschen" bzw. Nicht-Experten zu verankern:

- Prestige-Limousinen
- Made in Germany/German Engineering
- Sicherheit

Das ist viel – und dahinter stecken immerhin knapp 90 Jahre Leistung und Werbung von Mercedes (seit 1926). Böse Zungen würden noch hinzufügen, dass es funktioniert, obwohl die Marke in den letzten dreißig Jahren einiges unternommen hat, um die eigenen Vorurteile bzw. Kernwerte anzugreifen (z.B. Elchtest).

Eine Marke ist „nur" ein positives Vorurteil

Jede langfristig erfolgreiche Unternehmung verfügt innerhalb ihrer Kundschaft über ein positives Vorurteil: Menschen reden positiv über eine spezifische Leistung. Jede seriös verlaufende Markenbildung ist Resultat davon, dass sich im Publikum eine gute Meinung gebildet hat – egal ob McDonald`s oder Metzgerei Schnitzel. Dieses Vorurteil resultiert aus den Leistungen, die das Unternehmen zuvor erbracht hat. Solider Mittelständler oder Globalkonzern, B-to-B oder B-to-C: Erst ab dem Moment, an dem aus einer bestimmten Personengruppe regelmäßige Wiederkäufer werden, weil sie mit der erworbenen Leistung wiederholt zufrieden waren, und sich innerhalb dieser Gruppe ein positives Vorurteil über die Leistung gebildet hat, entsteht wirtschaftliche Sicherheit beim Anbieter. Menschen geben dem Unternehmen ihr hart verdientes Geld (im Voraus!), weil sie Vorvertrauen in seine Leistung entwickelt haben: eine einmalige unternehmerische Leistung.

Vorurteile lenken unser Handeln – jeden Tag

Das Vorurteil wird heutzutage meist gleichgesetzt mit negativen Vorurteilen – und der aufgeklärte öffentliche Tenor lautet, dass nur dumme Menschen solche Vorurteile haben. Dabei könnten wir ohne Vorurteile in der Komplexität des Alltags überhaupt nicht überleben. Wir könnten keinen Zebrastreifen überqueren, wenn wir nicht davon ausgehen würden, dass die meisten Autos anhalten. Achtung Vorurteil: Gilt nur für Nordeuropa!). Ein Supermarkteinkauf wäre unmöglich ohne ein Grundvertrauen, dass Danone oder Landliebe kein Gift in Joghurtbecher füllen. Ein Uhrenkauf würde Jahre dauern, wenn wir erst jede Marke recherchieren müssten, um dann festzustellen, dass eine Rolex unser Budget übersteigt. Mögen negative Vorurteile noch so desaströse Folgen haben, eine „normale Welt" ist ohne sie nicht möglich: Jeder Mensch bildet automatisch Kategorien und Vorurteile, sonst wäre er überhaupt nicht handlungsfähig. Für Marken ist diese zutiefst menschliche Eigenschaft die Existenzgrundlage.

Wirtschaft bedeutet Kampf um das stärkste Vorurteil

„Ein Vorurteil ist schwerer zu spalten als ein Atom", wird Albert Einstein zitiert und er sollte es gewusst haben. Diese Tatsache, die im Falle negativer Vorurteile grauenhafte Folgen haben kann, ist für Wirtschaftskörper ein Segen: Ein Unternehmen, das es geschafft hat, sich ein starkes positives Vorurteil im Markt zu erarbeiten, profitiert auf allen Ebenen von dieser Tatsache – deswegen werden heute bevorzugt existierende Marken aufgekauft statt neue einzuführen. Die Aufbauarbeit bei neuen Marken ist zeitaufwendig, kostspielig und insgesamt extrem risikobehaftet. Sich eine gute Meinung über eine (neue) Leistung von der Pike auf neu zu erarbeiten und somit Kundschaftsaufbau in zumeist übersättigten Märken zu betreiben, gelingt nur in Ausnahmefällen: So werden z.B. von jährlich 30.000

neuen Artikeln im Bereich der „schnelldrehenden"
Konsumgüter 25.000 bereits nach drei bis vier Mona-
ten wieder eingestellt. Darum ist es für Firmen so im-
mens wichtig, ihr einmal aufgebautes positives Vorurteil mit allen Mitteln zu schützen: Vorurteile sind der
Beton, auf dem Marken stehen, und dürfen nie ins Wan-
ken geraten. Werbung kann ein wichtiges Bindemittel,
der Zement für den Beton, sein.

Gute Werbung vertieft Vorurteile

Es wird deutlich, dass Marken in allererster Linie soziale Phänomene sind, die betriebswirtschaftliche Auswirkungen haben – nicht umgekehrt. Anders ließe sich
nicht erklären, warum eine Jeans 29 Euro kostet, eine
andere 79 Euro oder 199 Euro. Bei Autos werden Tau-
sende Euros investiert, damit ein bestimmtes Symbol
den Kühler krönt, obwohl viele Autos zuverlässig von A
nach B rollen: Die Differenz ist die Marke.

Marken managen heißt, soziale Energien zu managen
– nichts anderes sind positive Vorurteile. Marken erfolgreich zu bewerben bedeutet, positive Vorurteile
gezielt zu verstärken bzw. bei neuen Marken effektiv zu
verankern. Dazu muss zunächst Wissen um die Marke
vorhanden sein oder herausgearbeitet werden. Dafür
reicht das beflissene Durchblättern der Firmenchronik
oder der aktuellen Unternehmensbroschüre nicht. Bevor ein einziger Gedanke an Werbe- oder PR-Aktionen
verschwendet wird, hat jeder Verantwortliche die Aufgabe, ein lückenloses Leistungskompendium seiner

Marke zu erstellen. Folgende Fragen geben dazu erste wichtige Hinweise:

1. Welche Leistungen sind ursächlich für den Erfolg des Unternehmens?
2. Welche Leistungen und Handlungen wiederholen sich im Laufe der Geschichte des Unternehmens bis heute?
3. Welche Leistungen sind einzigartig (z.B. Patente, Produkte, Services, Auszeichnungen)?
4. Welche Leistungen besitzen bzw. besaßen hohe Resonanz innerhalb der Kundschaft?
5. Welche Leistungen generieren den höchsten Anteil am Gewinn (historisch/aktuell)?

Last but not least stellen Sie mit Blick auf die Historie die Frage: Welche Leistungsangebote konnten sich nicht am Markt durchsetzen? So erhalten Sie oft entscheidende Hinweise auf besondere Charakterzüge der Marke. Es können zudem wirtschaftliche Risiken minimiert werden, indem teure Strategiefehler aus der Vergangenheit im Vorwege ausgeschaltet werden. Oft wird bemerkt, dass aktuelle Fehler in ähnlicher Form bereits vor 5, 20 oder auch 100 Jahren „passiert" sind.

Gute Werbearbeit beginnt im Unternehmen

Mit den Antworten auf obige Fragen beginnt die analytische Arbeit an der Darstellung der Marke. Bitte beachten Sie: Der erste werbestrategische Blick führt immer in das Innere des Unternehmens, nur dort liegen die

Ursachen des wirtschaftlichen Erfolges verborgen. Auch die weltweite Anziehungskraft eines Ferraris entsteht in einer kleinen Werkshalle im italienischen Maranello – und genau dort muss angesetzt werden.

In diesem Buch wird Werbung als „normaler" Bestandteil der Wertschöpfungskette eines Unternehmens gesehen. Dies bedeutet, dass ihre kommunikative Aufgabe darin besteht, sich an dem markenspezifisch vorgegebenen Muster und den Leistungen zu orientieren und somit zu verhindern, dass die Eindeutigkeit der Markenaussage in voll besetzten medialen Kanälen verwässert wird.

 Ob Bäckerei vor Ort oder Konzern von Welt: Jede Marke ist „nur" ein positives Vorurteil innerhalb ihrer Kundschaft. Gute Werbung verankert und vertieft positive Vorurteile über eine Marke. In komplexen Verdrängungsmärkten müssen Markenvorurteile bzw. Leistungen verdichtet werden, um Durchschlagskraft entfalten zu können. Die intensive analytische Beschäftigung mit dem Unternehmen ist Voraussetzung dafür.

1.3 Gute Werbung benötigt Fakten

Wie zuvor beschrieben, nutzt bloße Aufmerksamkeit einer Marke rein gar nichts. Wer eine Waschmaschine

1. Was macht gute Werbung aus?

bewerben will und dazu wahlweise einen leicht beklei-
deten attraktiven Mann oder eine ebensolche Frau neben das Gerät stellt, wird vermutlich erhöhte Aufmerksamkeit erregen. Viele Waschmaschinen verkaufen
wird diese Anzeige jedoch nicht. Warum ist das so?

Weil mit der Werbung zwar sämtlichen Betrachtern ein
schönes und zumeist ästhetisch einwandfreies Bild gezeigt wird – nur leider ohne Kaufanreiz. In der Logik
vieler Werber lösen attraktive (nackte) Menschen bei
vielen Personen positive Emotionen aus. Vollkommen
richtig. Leider geht die „Logik" noch weiter und behauptet, dass die beim Betrachter evozierten positiven
Emotionen sich quasi automatisch auf das Produkt
übertragen. Vollkommen falsch. Die Emotionen gehen
überallhin, vielleicht sogar zu schönen privaten Erleb-
nissen – aber nicht zum Produkt. Haben Sie schon einmal eine Wasch- oder auch nur eine Kaffeemaschine
gekauft, weil Ihnen das daneben abgebildete Model so
gut gefallen hat? Oder beim Abendessen mit der Fami-
lie den Kauf der Waschmaschine Ihrer besseren Hälfte
damit begründet, dass die Frau (wahlweise der Mann)
in der Werbung so attraktiv war?

Wenn Firmen ihr hart verdientes Kapital dafür investieren möchten, um Menschen im grauen Alltag eine
Hochglanz-Freude zu bereiten, kann ihnen das niemand verbieten. Schade nur, dass das viele Geld, welches täglich in nicht werbende Werbung fließt, keinen
seriösen Forschungsprojekten zukommt.

Alle Emotionen auf das Produkt!

Gute Werbung lenkt alle Emotionen auf das Produkt, nie weg davon – selbst technikaffine Ingenieure werden eher zum Model schauen als zur Maschine. Daher können sich starke Marken Models (ein-)sparen, weil ihre Produkte genug Emotionen schüren: Haben Sie schon einmal ein Model in einer Porsche-Anzeige gesehen? Das Fahrzeug ist das einzige Model(l). Und dies funktioniert nicht ausschließlich bei Luxusprodukten – nur leider denken viele Verantwortliche, dass ihre Produkte nicht sexy, leistungsstark, einmalig oder emotional genug sind, um für sich selbst zu sprechen bzw. zu werben. Jede ehrliche Leistung, die es Menschen wert ist, ihr Geld dafür zu investieren, sollte es den Verantwortlichen wert sein, darüber zu sprechen. Dafür muss die Leistung nicht cool oder emotional sein.

Emotionen allein helfen nicht

Als Steigerung davon gilt es bei vielen Werbern sogar als besonders ambitioniert, das Produkt gar nicht zu zeigen, sondern lieber „einfach so" positive Emotionen im Publikum zu erzeugen: Wahlweise werden dafür lachende Menschen, tapsige Tierchen oder fröhliche Gruppen, die gemeinsam an einem Tau ziehen, rekrutiert (immer barfuß, um Freiheit und Freizeit zu symbolisieren, Männer gepflegt unrasiert). Damit sind die Emotionen abstrakt, sie existieren losgelöst von der Marke und ihrer Leistung – ergo: Sie sind vollkommen austauschbar. Bloße Emotionen bringen rein gar nichts – auch wenn sie noch so positiv sind. Es funktioniert genau andersherum: Je konkreter und dezidierter Ihre Leistung dargestellt wird, umso sicherer ist, dass alle Emotionen, die erzeugt werden, sich allein und unumkehrbar auf Ihre Leistung beziehen. Nichts anderes zählt für Werbung, die verkaufen soll.

Ihre Leistung muss für Emotionen sorgen

Die Aufgabenstellung an die Werbung lautet: Die Dienst- oder Produktleistung muss Emotionen hervorrufen – umgekehrt funktioniert es nicht. Warum? Der Mensch kann nur von konkreten Beispielen sein abstraktes Urteil fällen: Soziologie, Psychologie und Kommunikationswissenschaft sind sich einig, dass jeder Mensch zum Bewerten „harte" Fakten und Beispiele benötigt – im Falle von Werbung produktbezogene Fakten, die das Besondere der Leistung herausstellen. Auch wenn Sie Teppichklopfer oder Thrombosestrümpfe verkaufen: Es gibt keine langweilige Leistung, es gibt höchstens eine langweilige kommunikative Umsetzung von Leistung – und auch das muss nicht per se schlecht sein! Viele Produkte dürfen gar nicht zu flippig, lässig oder sexy sein. Die Marke Sparkasse versuchte sich mit ambitionierten TV-Spots in James-Bond-Manier als „superlässige Marke" darzustellen – dabei lebt sie davon, dass ihre Kundschaft darauf vertraut, dass die Sparkasse keine „superlässige" Marke ist, sondern eine grundsolide und dadurch sogar eine Finanzkrise übersteht.

Kommunikation funktioniert nur konkret

Selten hört man eine Person, die einen schönen Urlaub verbracht hat, sagen: „Das war mal ein äußerst service-orientierter Aufenthalt." Stattdessen wird berichtet, dass die Kellner extrem freundlich waren, die Pasta lecker schmeckte und beim letzten Essen die Weine aufs Haus gingen. Das emotionale Fazit wird zunächst faktisch untermauert: „Es war ein tolles Hotel!"

Wenn über die Leistungen einer Marke gesprochen wird, argumentieren Menschen so gut wie nie emotional, vielmehr sind die Beschreibungen sehr konkret. Verlangen Sie versuchsweise von einem Profi-Verkäufer, dass er seine Produkte ab jetzt nur noch mit Emotionen anpreisen darf – er wird es Ihnen danken. Kein Verkäufer wird seine Kunden dazu bewegen, einen Fernseher zu kaufen, weil das Gerät so „innovativ" oder „qualitativ hochwertig" ist. Im Direktkontakt mit Kunden punktet der gute Verkäufer allein durch die Wiedergabe konkreter Details, eigener Erfahrungen und am besten mit der Vorführung bestimmter Produktvorteile; z.B. wird bei einer Miele-Waschmaschine gerne die Fronttür zugeschlagen, weil der satte Klang die gute Verarbeitung unterstreicht. Die allermeisten Menschen haben den Wunsch, ihre (Kauf-)Entscheidungen durchdacht und rational erscheinen zu lassen. In vielen Fällen wäre es auch bitter, den wahren psychologischen Nutzen der Anschaffung in den Vordergrund zu stellen: „Ich kaufe mir diese teure dicke Uhr, weil ich so furchtbare Minderwertigkeitskomplexe habe."

Machen Sie Ihre Leistung konkret und eingängig

In einer Mixtur aus Unwissenheit und dem unseligen Hang zu (scheinbar) gesetzten Marketing-Mantren geschieht meist nur eines: Werbung baut Wohlfühlwelten auf, die in ihrer Abstraktion und Austauschbarkeit nahezu absolut sind. Unter dem naiven Motto: Lachende Menschen bringen Menschen zum Lachen. Der Glaube an die Überzeugungskraft illustrierter Emotionalität ist ressourcenvernichtend. Kennen oder erinnern Sie die unendlich lange Wäscheleine vom „Weißen Riesen"? Anhand der Wäscheleine wird die Effizienz des Waschpulvers deutlich gemacht und über Jahre mit dem Slogan perfekt angebunden: „Seine Waschkraft macht ihn so ergiebig." Die Faszination und Jahrzehnte überdauernde Erinnerung an das Produkt resultiert nicht aus niedlichen Bildern, sondern aus einem eingängig vorgeführten Leistungsbeweis.

Wenn Werbung werben soll, benötigt Werbung Fakten zum und Wissen über das Produkt. Werbung soll konkrete Leistungsbeweise der Marke möglichst eindrucksvoll in Szene setzen. Allein die besondere Markenleistung kann für (Kauf-) Resonanz im Publikum sorgen. Von der Leistung losgelöste Emotionen sind unwirksam bis kontraproduktiv – sie dienen bestenfalls der Unterhaltung einer erweiterten Öffentlichkeit.

30 MINUTEN

2. Grundlagen guter Werbung

Werbung, die sich zum Ziel setzt, die Wertschöpfungskraft eines Unternehmens dauerhaft zu erhöhen, arbeitet mit Dynamiken, die sich betriebswirtschaftlichen Kennziffern entziehen. Gute Werbung ist nichts anderes als fachmännisches Vertrauensmanagement. Vertrauen ist allerdings keine Größe, die sich mit Zahlen steuern ließe, sondern ein zutiefst sozialer Mechanismus, der auf soziologischen und psychologischen Kräften beruht. Ebenso wie in den Naturwissenschaften unumstößliche Erkenntnisse bestehen, operieren auch die Sozialwissenschaften mit Gesetzmäßigkeiten, die es möglich machen, bestimmte Wirkzusammenhänge im Vorwege abzuschätzen. Vor diesem Hintergrund muss sich jeder Werbetreibende vor allem mit den sozialen Gesetzen zum Aufbau von Vertrauen beschäftigen.

2.1 Wie Werbung ihren Anfang nahm

Um zu verstehen, warum die Bedeutung von Werbung außerhalb von Agenturen inzwischen deutlich kritischer hinterfragt wird, bedarf es eines historischen Rückblicks. Markierungen von Produkten kennt die Menschheit bereits seit langer Zeit: So trugen bereits in der Antike die besten Tonkrüge, deren Risse nicht mit Wachs kaschiert worden waren, den Aufdruck „sine cera" – ohne Wachs ... ein eindeutiges und verständliches Gütesiegel für die Zielgruppe rund um das „Mare Nostrum". Die „Beizeichen" der mittelalterlichen Handwerkszünfte gelten als weitere Belege für werbliche Aktivitäten. Allerdings: Niemals wäre ein mittelalterlicher Handwerker auf die Idee gekommen, aktiv für seine Produkte zu werben: Bis in das 19. Jahrhundert hinein galt Werbung für den redlichen Handwerker als unfein, denn die Handwerkszünfte waren davon überzeugt, dass man sich innerhalb einer handwerklichen Gemeinschaft keine Konkurrenz machen sollte.

Deshalb trat die erste gezielte Form der Werbung „an den Rändern" der Wirtschaft auf, nämlich für Produkte, die keinerlei Zunftverordnungen oder Reglementierungen unterlagen: meist für dubiose Heil- und Arzneimittel.

Werbung wird zum Massenphänomen

Als Massenphänomen trat Werbung erst mit der Industrialisierung auf: Durch technische Innovationen wurden Produzenten in die Lage versetzt, große Stückzahlen in kurzer Zeit herzustellen. Es kam wegen der daraus erwachsenden Arbeitsmöglichkeiten in den Städten zur Landflucht. Die Bevölkerung in den Städten wuchs sprunghaft an und konzentrierte Menschen, die nicht mehr wie früher in direktem Kontakt zu den Erzeugern der Waren standen. Diese Entwicklung hatte enorme Auswirkungen auf die öffentliche Wahrnehmung von Produkten. In den neuen, zunehmend anonymisierten Märkten ab Mitte des 19. Jahrhunderts bedurfte es eines Mittels, das es ermöglichte, „Vertrauen" zwischen Anbieter und Abnehmer aufzubauen. Indem ein Unternehmen die Leistungen seines Produktes benennt und sich öffentlich dazu bekennt, unternimmt es den ersten Schritt, um ein Vertrauensverhältnis aufzubauen: Es unterbreitet den Menschen mithilfe der Werbung ein überprüfbares Angebot.

Werbung kämpft mit einem Stigma

Warum ist der historische Rückgriff so wichtig? Weil die Vorgeschichte verdeutlicht, dass Werbung zunächst als eine Anwendungstechnik entstand, die über Jahrhunderte mit dem negativen Vorurteil der Unredlichkeit zu kämpfen hatte. Als Resultat besteht der unbedingte Wunsch des Arbeitsfeldes, dieses soziale Stigma abzulegen: am wirkungsvollsten, indem es sich selbst als eine Form unterhaltender Kunst begreift. Allerdings: Kunst ist darüber definiert, dass sie sich jedem Wertschöpfungsgedanken entzieht. Ihr Wert besteht in sich selbst – eine gefährliche Ausgangslage für Werbemaßnahmen, die möglichst effizient verkaufen sollen.

Werbung ist keine Reklame

Werbung ist nicht gleich Werbung. Es gibt unterschiedliche Werbeformen, mit denen Menschen überzeugt werden sollen, ein bestimmtes Angebot zu wählen. So stellte sich bereits mit dem Aufkommen massenmedialer Werbung heraus, dass das „überprüfbare Angebot", also die Information, immer weniger im Fokus der Werbetreibenden steht. Es wird angenommen, dass die Wirkung einer Werbung umso stärker ist, je witziger oder provokativer sie auftritt. Einer der ersten Werbeanalytiker, Hans Domizlaff, machte in den 1930er-Jahren deutlich, dass bezahlte Kommunikation, die allein auf das Erheischen von Aufmerksamkeit zielt, „Reklame" ist. Umgangssprachlich wird bis heute mit Reklame die Wurfsendung bezeichnet, die Schweinehälften zu grellen Sonderpreisen feilbietet. Und doch ist vieles, was Aufmerksamkeit und Werbe-Lorbeeren erhält, für einen Werbewissenschaftler nichts anderes als Reklame.

Wirkt kurzfristig: Reklame

Reklame kennzeichnet drei Merkmale:
- Thematisch tritt anstelle der Qualität eine scheinbare Relevanz
- Ausnutzen von Tabus, aktuellen Gegebenheiten oder produktfremden Bezügen
- Aufdringlichkeit

Reklame ist auf Kurzfristigkeit angelegt. Sie nimmt bewusst den Rufverlust in Kauf, um dafür zu einem bestimmten Zeitpunkt „bekannt" zu sein. Problematisch ist, dass diese Form der Absatzerzeugung nicht geeignet ist, langfristig (Marken-)Vertrauen zu schaffen.

Wirkt langfristig: Werbung

Der Nationalbankchef und Industrieminister der Volksrepublik Kuba, Che Guevara, sagte seinerzeit: „Qualität ist Respekt vor dem Volk." Ebendiese Prämisse unterscheidet Werbung von Reklame. Werbung in einem für das Unternehmen dauerhaft förderlichen Sinn hat die Aufgabe, jedem potenziellen Käufer Anhaltspunkte und Orientierung bei kontinuierlich ansteigender Alltagskomplexität zu geben. Merkmale von Werbung sind:

- Beschränkung auf Informationen
- Zurückhaltung und geschicktes Bemühen, dass dem Interessenten die Initiative bzw. Entscheidung überlassen wird
- eine würdevolle Präsentation (im Markenkorridor)

Achtung: Werbeorientierte Kommunikation muss nicht den Charme eines Beipackzettels haben – es geht eben nicht um die stumpfe Auflistung von Fakten. Selbstverständlich können Fakten und Leistungsbeweise unterhaltsam, eingängig oder witzig dargestellt werden. Kreative Aufgabe ist es, die Erfolgsbausteine der Marke auszuwählen und so zu präsentieren, dass die Leistung ausschließlich auf das beworbene Unternehmen zurückgeführt werden kann. Um es deutlich zu sagen: Wenn es darum geht, auf einen kurzen Zeitraum begrenzt „Kasse zu machen", so sind die oben genannten Formen der Reklame bestens dafür geeignet. Ist es jedoch das Ziel, den „guten Namen" eines Unternehmens langfristig zu verankern, dann bilden die aufgezeigten Werbemerkmale eine erste Orientierung.

Lassen Sie sich nicht irritieren: Bewertet man Werbeformen nach den oben genannten Kriterien, wird deutlich, dass „Reklame" nicht nur laut, sondern ausgesprochen ambitioniert, opulent und unterhaltsam sein kann. Reklame ist nicht per se hässlich. Umso wichtiger ist es, sich nicht verrückt machen zu lassen und konsequent auf leistungsorientierte Werbung zu setzen.

Reklame und Werbung beschreiben zwei unterschiedliche Formen der Kommunikation: Während Reklame auf kurzfristige Aufmerksamkeit und Effekte setzt, wirbt Werbung um langfristiges Vertrauen. Seriöser Markenaufbau erfordert ausschließlich Werbung.

2.2 Gute Werbung wirbt um Vertrauen

Werbung ist keine Kunst, kein Lifestyle und keine Unterhaltungsform. Werbung ist Werbung. Ihr einziger Sinn und Zweck ist es, dafür zu sorgen, dass ein Unternehmen mehr Geld verdient. Vor dem Hintergrund erklären Mar-

keting- und Agenturverantwortliche oftmals bei ambitio-
nierter, das heißt künstlerischer Werbung, es handele
sich um sogenannte „Imagewerbung" – was übersetzt
nur eines bedeutet: Diese Werbung soll überhaupt nicht
verkaufen, sondern für ein gutes Gefühl beim Betrachter
sorgen. Egal: Mit fester Stimme wird verkündet, dass sich
das Vorgehen langfristig bezahlt machen wird. Bleibt
hinzuzufügen: Ja. Und zwar am Sankt-Nimmerleins-Tag.
Werbung, die sich bewusst ihrem Daseinsgrund entzieht, beruht auf einem falschen Verständnis von Kommunikation. Kreativität und Originalität sind keine
Verdienste an sich und selten geeignet, ein Unternehmen dauerhaft zu stärken. Die einzig relevante Frage
ist, ob Werbung die Wertschöpfungskraft erhöht. Dies
funktioniert nur über den Aufbau von Vertrauen – auch
wenn die beworbene Marke noch so jung und wild ist.

Starke Marken sind „Vertrauensspeicher"
Werbung kann Konsum nicht befehlen, aber sie kann
den Bau von Vertrauensbrücken unterstützen, damit
bereits beim nächsten Griff ins Regal keine Angst vor
dem Unbekannten mehr herrscht, der Griff gelenkt und
stabilisiert wird. Das Ziel: Eine Monopolstellung in der
Psyche des Verbrauchers zu erreichen. Die Angst vor
dem Unbekannten kann ausgeschaltet werden, wenn
erst einmal Vertrauen zu etwas oder in jemanden aufgebaut wurde. In der Evolutionstheorie heißt die Er-
folgsregel: „Wähle, was du kennst." Diese Grundregel
sollte auch für jede Ausarbeitung von Werbung gelten.

Vertrauen beruht auf Erfahrung

Was ist – markensoziologisch definiert – Vertrauen? Grundsätzlich nichts weiter als eine Informationsvorleistung, die unter einem bestimmten Namen positiv verankert ist: gute Erfahrung, ein positives Vorurteil. Wenn etwas bereits bekannt ist, wird der Komplexitätsgrad drastisch reduziert. Informationen müssen nicht mehr in ihrer Gesamtheit aufgenommen werden. Wenn wir auf der Suche nach einem Orangensaft sind, stehen wir nicht mehr vor der Herausforderung, sämtliche Säfte hinsichtlich ihrer Güte zu prüfen, sondern greifen meist unbewusst zu einem uns bekannten Artikel: Mehr als 80 Prozent eines typischen Einkaufswageninhalts verändern sich bei einem durchschnittlichen Kunden im Laufe von drei Jahren nicht. Unsere individuelle Welt ist angefüllt mit „Vertrauensetiketten", die wir in den verschiedensten Bereichen vergeben, um uns selbst effiziente Handlungskoordination zu ermöglichen: Vertrauen bedeutet Entscheidungssicherheit.

Jede Werbeofferte ist ein freiwilliges(!) Vertrauensangebot an den Kunden: Lieber Kunde, ich als Produkt verspreche dir, dass du heute, morgen und in ferner Zukunft bestimmte Leistungen von mir erwarten darfst. Der Wert einer Marke beruht also seinem Kern nach auf einem fundamentalmenschlichen Gefühl: Vertrauen. Starke Marken verfügen über einen immensen Vertrauensschatz, unbekannte Marken sind emotionale Wüsten. Oder zusammengefasst: Vertrauen entsteht ausschließlich durch Vertrautes.

Ob neue Marke mit Gründungsjahr 2014 oder Traditionsmarke seit 1844: Der einzige Zweck von Werbung ist es, Vertrauen konsequent aufzubauen oder existierendes Vorvertrauen innerhalb einer Kundschaft zu bestätigen. Ob Knirps-Regenschirm oder „Unser Italiener um die Ecke": Jede Marke lebt allein von der Dichtestruktur des Vertrauens in ihre Leistung. Werbung muss diese Dichtestruktur verstärken: Das kann nur geschehen, wenn vorhandene Markenvorurteile erkannt und gezielt bedient werden.

Vertrauen erfordert Spezifik

Vertrauen entsteht erst, wenn eine Unternehmung spezifisch auftritt. Je mehr eine Marke den Versuch unternimmt, für alle und alles genau das Richtige zu sein, desto weniger ist sie erkennbar. Je mehr jemand anderen Menschen nach dem Munde redet, keine eigene Position vertritt, desto weniger erscheint er vertrauenswürdig. Fragen Sie sich selbst, welcher Werkstatt Sie mehr vertrauen: einem Reparaturbetrieb, der „alle Marken" instand setzt, oder der spezialisierten und zertifizierten „VW-Werkstatt"? Wem trauen Sie eher eine gute Küche zu? Einem indischen Restaurant, welches noch Sushi, Thailändisch und Pizza anbietet, oder einem Italiener, der insgesamt acht italienische Hausspezialitäten und vier Weine auf der Karte hat? Erst wenn eine Unternehmung ihre Leistung klar und eindeutig abgrenzt, entsteht ein wiedererkennbares Bild – die Basis für jede Form von Vertrauen.

Marke bedeutet, dass Menschen (Vor-)Vertrauen in eine Leistung entwickelt haben – Kundschaft ist entstanden. Es ist oberste Aufgabe der Werbung, das Vertrauen bzw. das positive Vorurteil der Kundschaft immer wieder neu zu bestätigen. Jede neue Werbemaßnahme muss penibel darauf geprüft werden, ob sie geeignet ist, das Vertrauen in die Marke und ihre Leistung neu zu bestätigen.

2.3 Wiederholung als Fundament

Wie bereits betont (Wiederholung ist so wichtig): Marke bedeutet Vertrauen in eine Leistung. Dieses Vertrauen kann vom Unternehmen ausschließlich über Konstanz in Handlung, Stil und Angebot aufgebaut werden. Weil gute Werbung ein „normaler" Teil der Wertschöpfungskette ist, muss Werbung exakt diese typischen Handlungsweisen und den Stil des Unternehmens authentisch und nachvollziehbar nach außen tragen – immer in Kombination mit der Leistung.

Diese Tatsache führt zu einer entscheidenden Krux bezüglich der Werbung, denn Marke an sich ist eine sehr spießige Angelegenheit: Um überhaupt in die Lage zu kommen, dauerhaft das Vertrauen einer Kundschaft zu erhalten, benötigt jede Marke – auch die „unspießigste" – ein hohes Maß an Wiederholung, sonst existiert sie nicht. Da gute Marken- und Werbearbeit niemals voneinander zu trennen sind, bedeutet dies für die Kommunikation: Sie lebt von Wiederholung. Ohne Wiederholung ist der Aufbau und Erhalt von Vertrauen nicht möglich. Ob im privaten Bereich oder in der Werbung: Jemand, der uns heute im Anzug mit Krawatte gegenübertritt und morgen mit blauen Haaren, kann kein Vertrauen erhalten. Der rigide Wechsel mag für die Privatperson persönlich sehr befreiend wirken, für jede Unternehmung, die wirtschaftlich arbeiten muss, ruiniert ein solches Vorgehen die Existenzgrundlage.

Nur aus Konsequenz entsteht Prägnanz

Werbung muss Vorurteile verankern. Werbung muss sich auf Kernaussagen fokussieren. Werbung muss unendliche Komplexität durchdringen, um überhaupt noch wahrgenommen zu werden. Dies funktioniert nur über Wiederholung. Warum kann wahrscheinlich jeder Leser folgenden Satz ergänzen: „Haribo macht Kinder froh und ...“? Weil Haribo seit 1965 nichts Besseres zu tun hat, als beständig diesen Spruch aufzusagen. Übrigens: Seit ca. 1935 existiert der erste Teil des Satzes. Audi gehört zu den wenigen Automarken, die ihren Leitspruch – oder auch neudeutsch Claim – verankert haben: Seit 1972 existiert „Vorsprung durch Technik“. Kennen Sie den aktuellen Claim von Opel? Oder Mercedes? Oder VW? Oder Peugeot? Oder ...? Die Autoren übrigens auch nicht.

Heute ist es – bedauerlicherweise – eine grandiose unternehmerische Leistung, Konstanz und Konsequenz in der Kommunikation aufrechtzuerhalten. Regelmäßig gibt es intern(!) Personen, die Erfolgsbausteine der Marke infrage stellen, z.B. weil „draußen längst alles bekannt ist". Ja und? Umso besser. In vielen Firmen herrscht ein internes Mantra, welches besagt, dass es keine Konstanz geben darf. Unter anderem deshalb werden Marken stets von innen zerstört – keine Marke geht pleite, weil kein Mensch mehr ihre Produkte kaufen will. Marken gehen pleite, weil die Kundschaft „ihre" gewohnten Produkte nicht mehr wiedererkennt. Und dafür sorgen stets firmeninterne Prozesse.

Ohne Wiederholung keine Emotionen

Warum kocht beim Popkonzert die Stimmung erst über, wenn die Band anfängt, ihre großen Hits anzustimmen? Weil die versammelten Menschen nur mit diesen Liedern bereits Erinnerungen und Erlebnisse verknüpfen. Neue Songs, egal von welcher musikalischen Qualität, können nicht sozial aufgeladen sein und somit auch nicht die Emotionen der Evergreens für sich beanspruchen. Aber gute Markenführung beinhaltet deutlich mehr Zutaten: Was wäre ein Udo-Jürgens-Konzert ohne das „Bademantel-Finale" oder den gläsernen Flügel? Was wäre ein AC/DC-Konzert ohne die Schuluniform des Leadgitarristen Angus Young? Die Fan-Kundschaft wäre tief enttäuscht, wenn beim Konzert eine Markenzutat fehlen würde. Ob Marke Udo Jürgens, AC/DC oder Haribo – Wiederholung und somit Wiedererkennung aufseiten der Anhänger bzw. der Kundschaft ist die Grundvoraussetzung für jedes gesunde Wirtschaftssystem. Jede Werbemaßnahme muss dies beachten.

Marke lebt von Wiedererkennung

Es gibt inzwischen unzählige Nivea-Produkte, viele davon nach allerneuesten dermatologischen Erkenntnissen entwickelt (laut Werbung) und teilweise weit entfernt von der weißen „Urcreme" in blauer Dose: Der stilistische Rahmen, in dem Nivea kommuniziert, ist festgelegt, auch wenn die Werbung noch so unterschiedliche Produkte bewirbt. Die Zigarettenmarke Lucky Strike hat die besondere Stilistik ihrer Werbeplakate selbst zu einem feststehenden Element der Marke gemacht. Lucky Strike muss tatsächlich sein Produkt nicht mehr in der Werbung zeigen und wird dennoch eindeutig erkannt und zugeordnet. In einer Branche, die – zu Recht – mit immer stärkeren Werbebeschränkungen belegt wird, ein einmaliger Vorteil.

Nur Kontinuität kann Menschen Orientierung geben. Entscheidender Charakterzug einer Marke ist, dass sie in einer unüberschaubaren Welt Kontinuität verspricht. Marke ist das Gegenteil von Wandel, sonst ist sie nicht(s). Die Kommunikation einer Marke besitzt daher die Pflicht, an jedem Kontaktpunkt erkennbar typisch aufzutreten und alle Markenvorurteile zu bestätigen: Dies geschieht in starkem Maße über Wiederholung.

30 MINUTEN

3. Kreativität braucht Grenzen

Wiederholung gilt vielen Menschen heutzutage als Synonym für Stagnation und Erstarrung. Begrifflichkeiten, welche direkt mit Eigenschaften wie „rückwärtsgewandt" und „unzeitgemäß" assoziiert werden und daher im Geschäftsleben – im Bereich Werbung erst recht – ins verbale Aus führen und den Stichwortgeber umgehend in den vorzeitigen Ruhestand oder zur Arbeitsagentur schicken. Nachdem im Kapitel zuvor deutlich gemacht wurde, wie entscheidend Wiederholung für jedes Wirtschaftssystem ist – auch für die innovativste Technikmarke –, sollen die zu diesem Thema am häufigsten geäußerten Einwände entschärft werden. Typische Fragen lauten: Sollen wir jetzt mit unserer Marke bzw. unserer Werbung in völlige Erstarrung verfallen? Nein, auf keinen Fall. Sind Marken denn völlig antikreativ? Ja und nein. Manche mehr, manche weniger. Gute Werbung bedeutet Kreativität nach den Gesetzen des jeweiligen Markensystems. Oder wie der Markensoziologe es beschreibt: Kreativität bedeutet nicht das Sprengen von Grenzen, sondern das Füllen von Grenzen.

3.1 Selbstähnlichkeit als Grundregel

Vertrauen und Wiederholung sind Grundpfeiler für effektive Werbung. Der Kommunikationsforscher Serge Moscovici macht deutlich: „Die Massen nehmen nicht wahr, was sich verändert, sondern was sich wiederholt." Hat ein Anbieter sein spezifisches Werbe-Erfolgsmuster gefunden und es in der Kundschaft verankert, so ist es oberste Pflicht, dieses Muster kontinuierlich zu reproduzieren. Doch jede gesunde Marke ist ein lebendiges System, sie reagiert auf Ereignisse, entwickelt sich und ihre Leistungen beständig weiter – und dies gilt in besonderem Maße für ihre Kommunikation. Es geht eben nicht um starre Strukturen im Sinne einer Corporate Identity; erfolgreiche Marken befinden sich im beständigen Austausch mit ihrer Umwelt.

In der Markensoziologie wird die Fähigkeit eines Unternehmens, in typischer Weise zu agieren, als Selbstähnlichkeit bezeichnet. Zahllose Vorbilder finden sich in der Natur: Dort setzen sich jene Systeme durch, denen es gelingt, sich immer wieder gegen alle Unwägbarkeiten und Herausforderungen ihrer Umwelt zu behaupten. Selbstähnlichkeit ist in der Evolutionstheorie das entscheidende Überlebensprinzip organischer Strukturen. Jeder Organismus verfügt über einen spezifischen Bauplan: Der genetische Bauplan „Tanne" stellt sicher, dass sich die Pflanzengattung „Tanne" verbreiten kann, ob in der norddeutschen Ebene oder in Arizona – jede Art lässt sich an artübergreifenden Elementen als Tanne erkennen (Nadelblätter, Zapfen, Färbung). Trotz umweltbedingter Adaption an die Umgebung bleibt jeder Baum dem „System Tanne" treu: Das ist das Universalprinzip Selbstähnlichkeit.

Wechselspiel von Wiederholung und Varianz

So wie die Tanne ihr Muster erfolgreich global reproduziert, so reproduzieren erfolgreiche Marken über Zeit und Orte hinweg ihr individuelles Erfolgsmuster: Rio, Rom, Recklinghausen – wo McDonald's draufsteht, ist McDonald's drin. Dennoch passen sich die Filialen ihrer Umgebung baulich an und die Speisen integrieren regionale bzw. kulturelle Geschmacksgewohnheiten: So werden in indonesischen McDonald's-Läden Reis-Gerichte angeboten oder die Koscher-Regeln in Israel eingehalten. Google reagiert mit Google-Doodles auf lokale oder globale Ereignisse – bleibt aber stets seiner verspielten Stilistik treu. Die Spielzeugmarke LEGO verwandelt von der Ritterburg bis zum Star-Wars-Sternenkreuzer alles in typische LEGO-Bauten. So handeln starke Unternehmen: Sie nehmen äußere Impulse auf und verwandeln sie in etwas Typisches – ohne jemals die eigene innere Erfolgsstruktur infrage zu stellen.

Selbstähnlichkeit garantiert Alterslosigkeit

Selbstähnliche Unternehmensführung bedingt, dass eine Firma zwar ihrem typischen Erfolgsmuster treu bleibt, allerdings aufgeschlossen gegenüber Neuem ist.

So können Marken trotz ihrer Langlebigkeit ewig jung oder sogar zeitlos wirken. Wer würde Puma (seit 1948) oder Nike (1972) altmodisch nennen? Oder gar H&M als antiquierte Marke bezeichnen (1947)?

Selbstähnliche Unternehmensführung bringt entscheidende interne und externe Vorteile:

- Der Strukturaufwand nimmt ab.
- Kreativität wird in definierte Bahnen gelenkt.
- Es findet keine totale Fixierung statt.
- Entwicklungschancen bleiben erhalten.

Selbstähnliche Werbung prägt sich ein

Das Prinzip Selbstähnlichkeit ist für erfolgreiche Werbung ein Schlüsselkriterium. Was für die typische Interpretation neuer Produkte oder Dienstleistungen, Filialen oder die Packungsgestaltung gilt, ist selbstverständlich auch für die klassische Kommunikation entscheidend: Sie ist ein offizieller Botschafter der Marke und somit öffentliches „Vertrauens-Megafon". Es gilt daher, ein Kommunikationsmuster zu etablieren und konsequent durchzuhalten. Dabei werden sämtliche Werbeäußerungen eines Unternehmens daraufhin untersucht, ob es bestimmte Signale, thematische oder gestalterische Verknüpfungen gibt, die immer wieder auftauchen. Sofern ein Unternehmen sich entscheidet, diese durchgängig zu senden, wird es Markenkraft ernten: Hat der Empfänger ebendiese Merkmale einmal in seinem Kopf abgespeichert, ist die Werbung also erlernt – und mit der Leistung verknüpft –, bedarf es nur noch weniger Impulse (d.h. weniger Werbeaufwand), um das Gesamtmuster zu aktivieren. Je stärker und somit durchgesetzter das Werbesignalmuster, umso leichter ist der Weg in die Köpfe der Kundschaft. Jever, Becks, Nivea, Red Bull oder Bärenmarke verlassen ihr Signalmuster nicht, sondern variieren es leicht. Mit Erfolg: Selbst wenn wir nur einen Ton hören, eine Kameraeinstellung oder einen Bildausschnitt sehen, findet sofort eine Rückkopplung zur Marke statt. Soziologisch formuliert: Die Wiedererkennung des Kommunikationsmusters führt automatisch zu Resonanz.

Auf diese Weise hat die Zigarettenmarke Marlboro es vermocht, mit dem Cowboy, ein einzigartiges Muster zu etablieren. Die Marke hielt über 40 Jahre lang das Gebot der Selbstähnlichkeit durch. Nach wenigen Sekunden wusste auch jeder Gesundheitsapostel im Kino: Das ist ein Marlboro-Spot, obwohl jeder Film, jedes Motiv anders gestaltet war und zum Schluss nicht einmal das Logo gezeigt wurde. Stattdessen Prärie, Pferde, Cowboys – ein Gestaltterritorium, immer ähnlich, immer anders. Heute gilt der Marlboro-Mann als bekannteste Persönlichkeit, die nie gelebt hat.

Achtung: Jede abrupte Änderung der Werbestilistik zerstört automatisch alles, was zuvor durch harte Arbeit und viel Geld aufgebaut und in der Kundschaft verankert wurde! Alles auf 0. Aktive Wertevernichtung von innen (z.B. Abschaffung des Marlboro-Cowboys 2011).

Betrachtet man Werbung unter selbstähnlicher Perspektive, so ist es möglich, zu entscheiden, ob eine Anzeige, eine Broschüre oder ein Spot markenkräftigend oder -schwächend ist. Selbstähnliche Musterbildungsprozesse in der Werbung bedeuten nicht monotone Reproduktion eines Stils, einer Botschaft, sondern das Agieren in einem definierten Kreativkorridor. Zentraler Gedanke markensoziologisch orientierter Werbung ist:

1. die Darlegung von typischen Leistungsmerkmalen eines Produktes und
2. die kreative Besetzung eines kommunikativen Musters im Rahmen der gewachsenen Selbstähnlichkeit.

Tipp: Suchen Sie sämtliche Printanzeigen Ihres Unternehmens der vergangenen Jahre heraus und legen Sie diese nebeneinander. Sie werden erkennen, ob es gelungen ist, ein typisches Werbemuster zu etablieren. Falls ja, prüfen Sie, ob dieses Muster verbindlich niedergelegt wurde. Falls nein, legen Sie die entscheidenden Merkmale des Musters umgehend schriftlich und verbindlich fest. Falls Sie kein Muster erkennen können, ist das ärgerlich. Eventuell geben Ihnen die Motive zumindest Hinweise oder einen Ansatz, wo Potenzial für einen konstituierenden Rahmen liegen könnte.

30 *Gute Markenkommunikation schöpft aus einem ausgeglichenen Verhältnis von Wiederholung und Varianz: Selbstähnlichkeit bezeichnet die Fähigkeit eines Systems zur „typischen" Weiterentwicklung der eigenen Gestalt. Der daraus resultierende Effekt der Wiedererkennung ist das Fundament jeder erfolgreichen Marke. Starke Werbung wandelt*

jede Form der Kommunikation markentypisch –
selbstähnlich – um.

3.2 Anziehungskraft durch Selbstähnlichkeit

Die Durchsetzung von Selbstähnlichkeit in der Kommunikation erzielt weit mehr als einen erhöhten Wiedererkennungswert für die Firma – die Anziehungskraft der Marke wird strukturell übergreifend gestärkt: Die stärkste Magnetwirkung und Faszination geht von sozialen Systemen aus, die eine stilistische Einheit ausstrahlen. Eine Gruppe von Personen, welche nach außen ein harmonisches Bild abgibt und geschlossen auftritt, erweckt instinktiv mehr Vertrauen als eine Gruppe, die kein einheitliches Bild in der Öffentlichkeit abgibt. Wenn führende Mitglieder der Regierungspartei innerhalb kurzer Zeit völlig unterschiedliche Standpunkte in die Mikrofone diktieren, ist Verwirrung die Folge – außerhalb und innerhalb der Partei. Meinungsforscher verkünden am nächsten Tag schon den dramatischen Vertrauensschwund, der sich an rapide fallenden Stimmanteilen unmittelbar niederschlägt.

Einheit in Stil und Auftritt schafft Vertrauen
Jedes Individuum ist konditioniert auf Dinge „aus einem Guss", weil nur diese für Vertrauen sorgen können. Den inneren Wunsch nach Einheit nutzen starke Mar-

ken: Je fokussierter und eindeutiger die Werbeaussage, umso nachhaltiger ist der Eindruck, der entsteht. Jede Firma, unabhängig von ihrer Größe und wirtschaftlichen Relevanz, kann ihren Stil nach außen tragen. Es erfordert allerdings von Unternehmensseite Sinn für Details sowie den kreativ-zielorientierten Einsatz typischer Eigenschaften. Viele kleine mittelständische Unternehmen können hier leicht punkten, weil es oft (noch) keine Konkurrenz in der Branche gibt, die sich ernsthaft mit Fragen der Kommunikation auseinandersetzt, und schon der geschickte Einsatz von Details für positiven Kommunikationsstoff beim Kunden sorgt, z.B. das ritualisierte Staubsaugen nach erfolgter Reparatur. Gerade weil nur wenige Menschen die Qualität einer Reparatur bewerten können, muss die Firma mittels ihrer Kommunikation dem Laien die Qualität der Leistung verdeutlichen. Daher muss der Lieferwagen einer Büro-Reinigungsfirma stets sauber sein – obwohl dies faktisch nichts über die Qualität der Büroreinigung aussagt. An solchen Berührungspunkten mit potenzieller Kundschaft setzt gute Werbung an.

Jede Marke, jede Form von Kommunikation mit der Kundschaft ist individuell: Grundsätzlich gilt, dass jedes System eine eigene Selbstähnlichkeit entfaltet, selbst wenn das Ergebnis auf den Einzelnen abstoßend wirkt. Auch „Unstil" kann bewusst oder unbewusst zum Stil erkoren werden: Bunte Flugblätter mit Kampfpreisen von Drogerien, wenig Personal und aufgerissene Kartonagen im Discounter suggerieren dem

Beobachter, dass hier zumindest der Preis stimmt. Allein die stilistische Strukturdichte ist entscheidend für die Anziehungskraft. Je selbstähnlicher die Kommunikation, umso anziehungsstärker die Marke dahinter (gilt nur, wenn die Leistung stimmt!).

Sicherheit durch Selbstähnlichkeit

Sowohl im Tagesgeschäft als auch in der Gesamtkommunikation darf die Kundschaft niemals verunsichert werden hinsichtlich der „erwartbaren" Wahrnehmung eines Unternehmens. Oft werden jedoch Konzepte kopiert, die bei anderen scheinbar(!) erfolgreich waren: Ein für seine konservative Modeauswahl bekannter Fachhändler lässt plötzlich – wie in trendigen Läden üblich – Popmusik über die Lautsprecher laufen, weil es sich beim Konkurrenten bewährt haben soll. Dies ist nicht selbstähnlich und irritiert alle, die mit dem Unternehmen in Verbindung stehen.

Ein selbstähnlich geführtes Unternehmen folgt im besten Falle intuitiv eigenen (Stil-)Gesetzen – nach innen und außen. Zurechtweisende Sätze wie „In dieser Firma funktioniert das so" deuten auf solche Besonderheiten hin. Viele Unternehmen profitieren von den selbstähnlichen Erwartungshaltungen – den Vorurteilen der Außenwelt –, sie müssen nicht ständig (und kostenintensiv) auf alle ihre Besonderheiten hinweisen. Die Bekleidungsmarke BOSS muss nicht mehr erklären oder rechtfertigen, warum ein BOSS-Anzug mehr als ein C&A-Anzug kostet. C&A hingegen muss nicht mehr erklären, dass es bei C&A Mode zu erschwinglichen Preisen gibt. Dies ist nur möglich, weil über die Zeit kontinuierlich in typischer Weise gehandelt wurde.

Anziehungskraft durch Grenzziehung

Selbstähnlichkeit führt automatisch dazu, dass eine Grenze nach außen gezogen wird. Grenze bedeutet für eine Marke nicht den Verzicht auf Märkte und Kunden, sondern Kräftigung des eigenen Systems. Grenzen komprimieren Markenkraft. In einer Zeit, in der gerne suggeriert wird, dass es keine Grenzen gibt, ist nichts so attraktiv wie Grenzen. Daher schränkt die Chemnitzer Marke Bruno Banani die Anzahl der Kaufanwärter für ihre Unterhosen bereits im Claim ein: „Not for everybody." Und auch die Marke Fisherman`s Friend zieht eine kräftige Grenze zwischen Friend und Feind der Halspastillen: „Sind sie zu stark, bist du zu schwach."

Aus Sicht der Markensoziologie geht es nicht darum, elitäre Distanz durch den Einsatz von Grenzen zu erreichen, sondern ein wirtschaftliches System durch den Einsatz seiner Besonderheiten zu festigen und erfolgreich zu machen: Die Grenze ist der Garant für die Existenz jedes Unternehmens. Was ausschließlich „gleich" ist, kann (und will) sich niemand merken. Genau dies passiert häufig in der Profi-Kommunikation, deren Aufgabe ursprünglich die Differenzierung eines Angebotes ist bzw. war. Werbeverantwortliche beobachten sich gegenseitig, beschließen, dass die Kampagne eines Mitbewerbers gut ist, und adaptieren bzw. kopieren diese schnellstens. Dies führt u. a. dazu, dass auf einmal alle Baumarktketten betont witzige (teils preisgekrönte), aber vor allem laute Reklame machen: Nur kann auch der konzentrierteste Werbeseher nicht mehr sagen, welcher Baumarkt beworben wurde. Und es geschieht branchenübergreifend: Fährt in der Werbung zunächst ein Mercedes-Cabrio durch ein Lavendelfeld in der Provence, fährt mit Sicherheit bald ein BMW-Cabrio durch ein Lavendelfeld in der Provence ...

Selbstähnlichkeit führt zu stilistischer Geschlossenheit nach außen. Je einheitlicher und geschlossener der Gesamtauftritt und die Kommunikation, umso höher die Anziehungskraft der Marke. Je beliebiger die Werbung, umso schwächer die Marke. Eine Marke erhält ihre Kraft und Stabilität durch die deutliche Abgrenzung von anderen Marken: Grenzen komprimieren Markenkraft.

3.3 Gute Kommunikation zielt auf die Kundschaft

„Der vielleicht am weitesten verbreitete Fehler eines Unternehmens liegt in dem Versuch, Wachstum durch das Anlocken neuer Kunden zu forcieren." (Reeves 1963) Diesen Satz formulierte der US-Werbefachmann Rosser Reeves in seinem zum Klassiker gewordenen Buch *Werbung ohne Mythos* in den 1960er-Jahren. Seitdem

hat sich nichts verändert, immer noch ist die Jagd nach Neukunden eine Anforderung an viele Werbekampagnen. Und immer noch ist der Satz inhaltlich richtig. Eine Marke lebt allein von ihrer Stammkundschaft, sowohl in monetärer Hinsicht als auch im Bereich Werbung. Denn diese ist die einzig relevante und verlässliche Zielgruppe für jede Marke und deren Kommunikation. Einer der größten Strategiefehler besteht darin, zu glauben, dass der Konkurrenz Kundschaft ganz gezielt abgejagt werden muss, um selbst weiterzuwachsen – meist, indem die Konkurrenz imitiert wird. Im Gegenteil: Nur die eigene Grenze und somit die eigene Stärke kann fremde Kundschaften zum Überlaufen bewegen.

Kundschaft ist der beste Werbeträger

Die zufriedene Kundschaft ist ein kostenloser 24-Stunden-Werbeblock für das Unternehmen – dank ihrer stetigen Mund-zu-Mund-Propaganda, werbedeutsch „virales Marketing", schlägt sie jeden TV-Spot. Sie trägt das positive Vorurteil über die Marke in sich, ist somit Energie- und Wissensspeicher der Marke. Ein nicht zu beziffernder geldwerter Vorteil einer starken Kundschaftsgemeinschaft: Sie vermehrt nicht nur das positive Vorurteil, sie vererbt es auch an nachfolgende Generationen. Die Beziehung zu einem Produkt, sein täglicher Einsatz, wird durch Erzählung, aber vor allem durch Beobachtung und Imitation weitergetragen. Das Stärkste, was Marken widerfahren kann, ist, wenn sie zur Gewohnheit werden, zu etwas, das „irgendwie dazugehört": das Vitamalz im Kühlschrank, die Tube Elmex im Bad oder die Maggi-Würze im Küchenregal. Nur weil Erfahrungen sozial überliefert werden, können Marken Jahrhunderte existieren. Kein Erstkunde weilt noch auf Erden und dennoch lebt die Botschaft. Daher existiert der Begriff Produktzyklus, einen Markenzyklus gibt es dagegen nicht: Marken existieren durch Gewohnheit und Übertragung zeitunabhängig. Diese reibungslose (Dauer-)Übertragung muss Werbung sicherstellen.

Kundschaft ist das Gedächtnis der Marke

Die sorgfältige Bestätigung der guten Meinung innerhalb der Kundschaft ist somit effizienter als jede massive Kampagne. Je einhelliger und stabiler die Kundschaftsmeinung, umso besser: Komprimierung ist auch hier das Nonplusultra. Umso besser, wenn auch die Kampagne exakt auf die Kundschaft zielt. Wie entscheidend Kundschaft wirkt, wird deutlich, wenn eine Marke wiederentdeckt wird oder sich erneut auf ihre Kernleistung besinnt: Die Marke Fiat kam wirtschaftlich erst wieder ins Rollen, als sie bekannte und bewährte Modelle wie Panda, Punto oder die „Knutschkugel" Fiat 500 neu auflegte. Ehemalige Kunden erkannten in den Wagen „ihre" Marke Fiat und deren Kernkompetenz „pfiffige Kleinwagen" und sorgten innerhalb kurzer Zeit für Absatzzahlen, die Fiat lange nicht besaß. Auch als BMW den MINI wiederbelebte, begann eine beispiellose Erfolgsstory. Wichtig: Die Produktleistung muss stimmen, sonst gibt es zwar einen großen Anfangshype, der ist dann aber schnell wieder vorbei.

Werbegrundregel: Stärken stärken

Wenn Werbung allein die Kundschaft und deren positives Vorurteil im Visier hat, so ist es deren primäre Aufgabe, die Stärken der Marke vorzuführen. Und zwar nur die Stärken. Ein immer wieder festzustellender strategischer Irrtum ist es, zu meinen, dass man negative Vorurteile gegenüber einer Marke – die es gegenüber jeder Marke gibt – durch rationale Argumente entkräften kann. Ein teurer Irrtum. Selbst wenn uns dies zeitweise gelingt, wird die kleinste Erinnerung an die „schlechten Eigenschaften" das negative Bild sprunghaft befeuern. Psychologische Untersuchungen zeigen: Sobald wir uns eine Meinung gebildet haben, nehmen wir Tatsachen, die unsere Haltung widerlegen (oder bestätigen), verzerrt war. So unterschätzen wir Tatsachen, die unsere ursprüngliche Meinung entkräften würden.

Werbung kann keine Schwächen wegzaubern

Gerade Firmen mit hohem Werbebudget wollen mit Werbung gerne über Nacht negative Vorurteile gegenüber ihrer Marke abschalten. Der naive Irrglaube, dass kulturell gewachsene Vorurteile mittels massiven Werbeeinsatzes innerhalb kurzer Zeit „umgepolt" werden können, hält sich hartnäckig. Es ist möglich, aber nur durch kontinuierliche Leistung und Kommunikation (in der Reihenfolge) über etliche Jahre hinweg: Die Marke Audi hat es so geschafft, vom biederen Seniorentransporter mit umhäkelter Toilettenrolle auf der Ablage in den 1970er-Jahren zu einer tonangebenden Premiummarke für dynamische

Manager und alle, die sich zumindest so fühlen wollen, zu werden. Es hat allerdings über zwanzig Jahre in Anspruch genommen, umfasste kontinuierliche technische Innovationen (z.B. Allradantrieb Quattro/1980), die behutsame(!) Ausweitung der Modellpalette nach oben und wurde begleitet von guter Kommunikationsleistung. Marke als soziales System lebt in anderen Zeitzyklen, gute Markenverantwortliche denken in solchen Zeiträumen.

In der Werbung auf vermeintliche Schwächen einzugehen, beinhaltet latent die Gefahr, die zufriedene Stammkundschaft, die bisher nur die Stärken im Blick hatte, überhaupt erst auf Schwächen oder auf das Nichtvorhandensein einer Leistung aufmerksam zu machen. Jede Marke, der es gelungen ist, Kundschaft aufzubauen, muss über attraktive Stärken verfügen, sonst würde sie längst nicht mehr existieren. Um die Herausarbeitung und Darstellung genau dieser Stärken geht es – nur darum. Werbung soll Stärken stärken. Nur so kann eine ehrliche Leistung verpolt werden.

In der Kundschaft ist das Wissen über die Marke gespeichert. Wenn Werbung ein Anwachsen der Kundschaft erreichen will, muss sie dafür sorgen, dass alle positiven Vorurteile der existierenden Kundschaft immer neu bestätigt und vertieft werden. Markenwachstum ist nur über die Kundschaft möglich, sie allein trägt und verbreitet die Kompetenz der Marke. Ergo: Werbung muss Stärken stärken. Nichts anderes.

30 MINUTEN

4. Effiziente Überzeugungs- strategien

Kein verantwortungsbewusster Unternehmer kann es sich leisten, Werbung unkontrolliert einzusetzen. Werbung muss gelingen. Dies wird vereinfacht, wenn ein Bewusstsein dafür besteht, dass Märkte nie frei, sondern immer in Kulturen eingelagert sind. Jedes Produkt ist Teil eines Alltags, der angefüllt ist mit kulturell erlernten Erwartungshaltungen. Kultur ist soziologisch nicht als geistige Hochkultur zu verstehen, die sich an ambitionierten Theatervorstellungen und Vernissagen manifestiert. Kultur ist ein System von sozial erlerntem Wissen, das unsere Persönlichkeit prägt: Als soziales Wesen ist jeder Mensch „angefüllt" mit überlieferten Erfahrungen. Warum ist dies für Werbung so wichtig? Weil erfolgreiche Unternehmen kulturell durchgesetztes Wissen aufgreifen, indem sie massengängige Vorstellungswelten und Vorurteile instrumentieren. Über bestimmte Motive dockt Werbung an bestehende Vorstellungen an – Vorstellungen, die so tief im Erfahrungsschatz der jeweiligen Gruppenmitglieder verwurzelt sind, dass ihre Inhalte umgehend als natürlich und glaubhaft wahrgenommen werden.

4.1 Kostenlose Markenkraft: Resonanzfelder nutzen

In der Markensoziologie wird der strategische Einsatz kollektiv geteilter Vorstellungen und Vorurteile als „Einbindung von Resonanzfeldern" bezeichnet. Es gilt, Inhalte, Motive und erlernte Erwartungshaltungen in der Kommunikation einzusetzen, um ein Produkt mit möglichst viel Vorvertrauen auszustatten. Ein Grundprinzip klassischer Werbung wird wirksam: Ein Unternehmen tritt nicht mehr anonym auf, sobald es mit klaren Vorstellungen und Erwartungen verknüpft wird. Beispielsweise ist Rotwein ein ernst zu nehmendes Produkt; wird jedoch der identische Rotwein mit dem Zusatz „Französischer Rotwein" verkauft oder ein konkretes Weingut in Frankreich als Abfüller benannt, so wird automatisch – ohne dass wir uns dagegen wehren können – die Gesamtheit unserer Vorstellungen zu Frankreich und der Qualität der dortigen Weine verknüpft. Britischer Rotwein hätte es deutlich schwerer. Nicht umsonst ist eine der ersten Fragen, die wir einem Fremden stellen: „Woher kommen Sie?" Der Mensch benötigt „Kategorisierungen", um die Welt um sich herum überschaubarer und damit „sicherer" zu machen. Kunden komponieren zwanglos einen Zusammenhang zwischen vermuteter Produktleistung und der Herkunft. Produkte mit Herkunft kommunizieren eine „Botschaft der Differenz", weil sie für ihre Beschaffenheit erfahrungsgeschichtlich einstehen. So stellen Tokioter Kaufhäuser neben jeder Schweizer Schokolade noch eine kleine Schweizer Fahne auf und neben jedem Messer aus Solingen weht ein schwarz-rot-goldenes Papierfähnchen.

Drei Stufen für resonanzstarke Einbindung

Markensoziologisch werden drei Stufen bei der Einbindung von Resonanzfeldern erkennbar. Ihre klare Abgrenzung voneinander machte es möglich, ganz gezielt nach geeigneten „Vertrauenskatalysatoren" zu suchen.

Stufe 1: Das Resonanzfeld

Darunter werden die allgemeinen, kollektiven Vorstellungen gegenüber einer Region, einem Land oder bestimmten Gruppen verstanden.

Stufe 2: Das Resonanzmuster

Um Resonanzfelder mit einer Unternehmensleistung zu verknüpfen, werden konkrete Leistungen an kollektiv geteilte positive Vorurteile angedockt:

- Wein, Käse, Parfüm, Mode aus Frankreich
- Banken, Uhren, Schokolade, Käse aus der Schweiz
- Kulinarik, Kunst, Design, Mode aus Italien
- Schinken und Uhren aus dem Schwarzwald

Stufe 3: Die Resonanzidee

Die individuelle Unternehmensleistung, d. h. die originäre Wertschöpfungsidee, wird kreativ an das übergreifende Resonanzfeld angepasst. Ziel ist es, eine gerichtete Interpretation der Markenleistung vor dem Hinter-

grund bestehender kollektiver Vorstellungen zu erreichen. So nutzt der Audi-Slogan „Vorsprung durch Technik" das positive Vorurteil technischen Gerätschaften
aus Deutschland gegenüber. Gerade weil der Slogan
auch im Ausland in deutscher Sprache eingesetzt wird,
nutzt Audi die ganze soziale Energie des positiven Vor-
urteils bezüglich technischer Expertise, „Made in Germany", optimal aus. Der Slogan macht jedem deutlich –
gerade wenn er den Satz sprachlich nicht versteht –,
dass hier ein Auto aus Deutschland vor ihm steht.
Typische Beispiele für die Verknüpfung von Wertschöpfungsidee und Resonanzfeld:

- Känguru für die australische Fluglinie Quantas
- Universalgenie Leibniz für Kekse
- Allgäuer Latschenkiefer
- Inkasso Moskau

Gute Kommunikation setzt auf Wissen

Die Verwendung von Herkünften ist das meistgenutzte
Motiv, wenn es darum geht, ein Produkt („Sonnenöl aus
Australien") oder eine Dienstleistung („Private Banking
– Swiss made") mit positiven Merkmalen auszustatten
und Vertrauen zu stiften – und zwar von Beginn an.
Resonanzfelder sind allerdings nicht zwangsläufig mit
Regionen oder Ländern verknüpft. Vielmehr gibt es
eine Vielzahl von Sujets, die kollektiv geteilte Erfahrun-
gen aktivieren. Dazu zählen:

- die genealogische Herkunft („Familienunternehmen
  in dritter Generation")

- die geistige Haltung („Reinheitsgebot")
- Zeit und Epoche („Vorreiter der Mundhygiene")

Auch historische Persönlichkeiten können der Marke einen Bezug oder eine Positionierung zuschreiben. Manche sozial aufgeladene Namen können fast schon notarielle Ernsthaftigkeit auf das Produkt übertragen, z.B. der Adel:

- Fürst Bismarck für ein Wasser
- Fürst Pückler für ein Eis
- Prinzessin Feodora für Schokolade

Es funktioniert aber auch mit „aktuelleren" Personen:
- Surfboards etc. von Surfheld Robby Naish
- Mode von Skifahrer und Filmemacher Willy Bogner

Gerade beim Start eines neuen Produktes oder einer neuen Dienstleistung bieten Resonanzfelder erhebliche soziale Schubkräfte, z.B. „Gebacken in der Tradition von ...". Ein Unternehmen kann auf solche Weise kostenlose Fremdenergien nutzen, die in verschiedensten Ausprägungen bereitliegen und für den Aufbau von Vertrauen zuträglich, aber vor allem extrem effizient sind, wenn man Marktneuling ist. Die Identifikation solcher Resonanzfelder erfordert kein Studium der Kulturwissenschaften, eine Recherche nach typischen Vorstellungen hinsichtlich der Region reicht aus: Welche existierenden Vorstellungen sind geeignet, „meine" Produktleistung optimal zu unterstützen?

30 *Starke Werbung greift tief verwurzelte kulturelle Vorstellungen auf und nutzt sie zum Zwecke eines Unternehmens: Resonanzfelder sind massengängige Vorstellungen und Vorurteile. Sie existieren weltweit und besitzen kostenlose soziale Schubkräfte, die speziell neuen Leistungen effizient helfen können, ad hoc Markenenergie aufzubauen.*

4.2 Das Ursache-Wirkungs-Prinzip der Kommunikation

Eine Marke überzeugt durch ihre Leistung, die Übertragung der Leistung in die Werbestrategie überzeugt oft nicht – wo liegen die Ursachen? Darin, dass zuvor keine seriöse Ursachenforschung betrieben wurde. Genau deshalb ist kein Unternehmensbereich so stark persönlichen Urteilen, also individuellem Bauchgefühl, ausgesetzt wie die Werbung: Schlecht für die Marke, verunsichernd für alle Beteiligten. Nicht besser wird es, wenn Konzerne dem „Unsicherheitsfaktor Werbeeffizienz" mit Marktforschungsstudien begegnen, um „Fakten" zu schaffen und Werbung kontrollierbar(er) zu machen. Die Ergebnisse führen fast immer zur Markenschwächung: Die Orientierung an der „Mafo" verleitet zur Berücksichtigung externer Empfindungen und Entwicklungen – das Gegenteil einer Marke. Vor allem dürfen Meinungen Außenstehender nie die Entscheidungen eines eigenständigen Systems lenken: Sobald eine Marke demokratisch wird, verwässert sie – jedes nützliche Markenzeichen ist autoritär. Unendlich viele Marken und Innovationen hätte es sonst nie gegeben. Steve Jobs hat nie gefragt, ob jemand (s)einen iPod haben will ...

Leistungen geben den kommunikativen Rahmen vor

Wenn Marken Faszination hervorrufen, so geschieht dies aufgrund bestimmter Leistungen des Unternehmens bzw. der effektiven Präsentation der Leistungen. Die Markensoziologie bezeichnet den Zusammenhang als „Ursache-Wirkungs-Prinzip". Wie erwähnt: Emotionen entstehen aus Fakten. Diese Fakten müssen nicht wissenschaftlich fundiert sein, vielmehr geht es um „gefühlte Beweise", die durchgesetzte Denkschemata nutzen, da sie den Einzelnen automatisch zu bestimmten Schlussfolgerungen zwingen. Der Philosoph Arthur Schopenhauer hielt fest, dass der Mensch nie wissen könne, was wahr ist, wenn es denn überhaupt eine Wahrheit gäbe. Deshalb geht es im Alltag oft um die Kunst, recht zu behalten. Für Unternehmen bedeutet dies, dass Menschen mithilfe der Werbung dauerhaft glauben sollen, was über eine Leistung berichtet wird. Dies ist nicht als Aufforderung zu verstehen, eine Werbelüge in die Welt zu setzen: Es sollte niemals etwas behauptet werden, was das Produkt nicht leistet. Jede Marke ist eine sensible und daher verbindliche Vertrauensbeziehung zwischen einem Unternehmen und seiner Kundschaft. Diese sollte niemals aufs Spiel gesetzt werden.

Alle (Werbe-)Erfolgsursachen liegen im Unternehmen

Der Mensch kann nur durch faktische Eindrücke ein Gesamtbild komponieren. Aus der Summe der Einzelheiten, die auf uns einwirken, bildet der Mensch einen einheitlichen Zusammenhang – mit erstaunlich stabiler Wirkung. Kein Unternehmen kann zweifelsfrei bestimmen, welches Bild über seine Leistung in den Köpfen der Menschen entsteht, aber es ist Aufgabe der Verantwortlichen, dafür zu sorgen, dass das kommunikative Überzeugungsmaterial auf die intendierte Wirkung einzahlt. Das bedeutet: Wenn ein Hotel seit 20 Jahren besonders gastfreundlich auftritt, dann muss ebendiese Gastfreundlichkeit möglichst konkret und real dargestellt werden. Orientiert man sich an aktuellen Moden und Trends, dann entsteht ein ansprechender Werbespot oder eine edle Broschüre, aber nichts, was das (kostenlose) positive Vorurteil gegenüber dem Hotel stärkt. Werbesoziologen bezeichnen Werbungen ohne inhaltliche Anbindung als „Kommunikationsinseln", die den Machern ein „gutes Gefühl" geben, aber die Marke in ihrem Vertrauensvorschuss nicht unterstützen.

Leistungsorientierte Werbung planen

Wenn Vertrauen die entscheidende Grundlage für die Reduzierung von Komplexität ist und in überbordenden Warenmärkten sich nur der *langfristig* durchsetzt, der Vorvertrauen besitzt, so ist entscheidend, Werbung durch das zu definieren, was simpel scheint, aber im

Grunde genommen seit jeher ihre Aufgabe ist: Werbung ist eine wahrheitsgemäße Unterrichtung. Sie überträgt die Markenleistung in den Markt.

Erste Pflicht eines Marketing- oder Werbeverantwortlichen ist es, permanent über Eigenarten und Leistungsvorzüge des Unternehmens und seiner Produkte zu informieren. Übrigens auch, wenn ihm persönlich das Kommunikationsmuster zu den Augen und Ohren herauskommt, weil er bereits seit 22 Jahren für die Marke tätig ist – 22 Jahre sind eine kurze Zeit für ein Markenleben. All das wirkt unspektakulär, aber der Wert von Marken basiert auch im 21. Jahrhundert auf Integrität und Leistungsernst. Umso schlimmer ist, dass das Gros der Werbung den Grundsatz fundamental missachtet. Dabei ist die Sorge, ein Motiv oder Thema hätte sich „überlebt" („Wear-out-Effekt"), meistens vollkommen unbegründet. Vor allem, wenn man weiß, dass ein Mensch durchschnittlich 20.000 Werbespots anschaut bzw. anschauen muss – pro Jahr! Armer Mensch.

Leistungsorientierte Werbung erarbeiten

„Was ist typisch für uns?", lautet die Frage, die grundsätzlich vor der Werbeumsetzung gestellt werden muss. Dabei geht es darum, typische Eigenschaften und Stärken einer Unternehmung (be-)greifbar zu machen. Weil jede Marke ein individuelles System ist, sind unterschiedliche Leistungsmerkmale relevant. Leistungsorientierte Werbung bedeutet nicht, auf möglichst unspektakuläre Art zu kommunizieren, sondern einen spezifischen Erzähl- und Kommunikationsstil zu finden und durchzuhalten, der die Leistungsstruktur möglichst eingängig behandelt. Einige typische „Orte", an denen Leistungs- bzw. Markenmerkmale lagern:

- eine außerordentliche Gründungsgeschichte/Gründungsidee/Gründerpersönlichkeit
- besondere Fertigungsstätten, besondere Herkunft (siehe Resonanzfelder, z. B. Marzipan aus Lübeck)
- Patente, Erfindungen, Rezepte, Veredelungsschritte, Auszeichnungen (z. B. Hoflieferant)
- Mitarbeiter und ihre besondere Arbeitsweise (z. B. „Barteam/Bartender des Jahres")
- herausragende Produktleistungen
- herausragende Serviceleistungen (Liefer-/Öffnungszeiten, andere Annehmlichkeiten)
- Werbemotive oder Unternehmensbotschafter (markante Firmengebäude oder Personen)
- ein Gestus, ein Motiv oder Geräusch, das eng mit der Marke verbunden ist (z. B. Ploppen beim Öffnen eines „Flens"/Flensburger Pilsener)

Da Marken sozialen Gesetzmäßigkeiten folgen, ist ein weiterer positiver Aspekt neben der Differenzierung mittels Leistung das Vertrauen, das sie mit Informationen schüren: Niemand schenkt sein Vertrauen (oder Geld) gerne jemandem, der nichts von sich preisgibt.

Tipp: Text hilft, gesteuerte Emotionen zu wecken
Vergleicht man Printwerbungen in Magazinen aus den 1970er- und 1980er-Jahren mit heutiger Werbung, so

fällt auf, dass die Text- und somit Erklärungsleistung der Werbung drastisch abgenommen hat – und zwar so weit, dass mitunter Anzeigen nur noch mit einem Bild auskommen, auf dem sich höchstens noch ein Logo findet. Begründung: Kein Mensch würde mehr lesen. Dabei ist bekannt, dass niemals so viel geschrieben und gelesen wurde wie heute (SMS, soziale Netzwerke usw.). Bis heute gilt, dass das geschriebene Wort Menschen zu größter Wut oder Freude bringen kann. Bilder allein sind in der Werbung zutiefst bedeutungslos und austauschbar, sofern sie nicht mit einem wirkungsvollen Anspruch kombiniert sind. Deshalb ist es wichtig, den Text als Ankerpunkt für das Bild zu sehen. Erst in der Kombination entfaltet Werbung höchste Durchsetzungskraft. Kurz gesagt: Schreibe es und zeige es!

Leistungs- und Werbekorridore für junge Marken erstellen

Wir sind neu am Markt, wir haben noch gar keine Geschichte – was tun? Wie und was können wir kommunizieren? Keine Marke muss hundert Jahre existieren, um Marke zu sein oder um effiziente Werbung zu machen! Gerade die Jugend oder auch die mangelnde Größe der Marke kann für eine Positionierung als Herausforderer der etablierten (Uralt-)Marken genutzt werden, z. B. das „David-gegen-Goliath-Prinzip". Alle zuvor genannten Prinzipien gelten genauso für die junge Marke: Der erste Blick geht nach innen. Auch wenn eine Unternehmung erst kurze Zeit existiert, gibt es immer genug inhaltliches Material, um spannende Geschichten von der Markenevolution zu berichten:

- Wer sind die Gründer und Gründerinnen?
- Wie entwickelte sich die Idee? Initialzündung?
- Warum wollten sie unbedingt mit einer neuen Marke in den (übersättigten) Markt?
- Was ist neuartig oder einmalig an der Leistung?
- Wie kann das Einmalige der Leistung eingängig und faszinierend erzählt bzw. dargestellt werden?

Machen Sie die Grundidee, die Schwierigkeiten der Umsetzung, Ereignisse der Aufbauphase zu Erzählstoff. Und denken Sie daran: je spezifischer, desto besser!

Tipp: Kommunikationsmuster vorab entwerfen
Markensoziologisch lässt sich eine Marke am effizientesten „erzeugen", wenn vor Markteintritt bereits auf Basis der Produktidee geeignete Differenzierungsfelder identifiziert und markenspezifisch besetzt wurden: Sogenannte Zielbausteine beschreiben die Eigenschaften einer zukünftigen Marke und schreiben im Vorwege den kommunikativen Korridor fest, z. B. bei einer Bekleidungsfirma soll jedes Kleidungsstück einen Bezug zu Kalifornien aufweisen (Aufdruck), jede Kollektion wird nach einem kalifornischen Ort benannt, alle Werbemotive zeigen typisch kalifornische Szenarios usw. Je durchdachter die Struktur, umso stärker kann das unternehmerische Risiko minimiert werden.

Nur über die Kenntnis von Ursachen kann die Kommunikation bzw. die Wirkung der Marke in eine vom Unternehmen intendierte Richtung gesteuert werden. Werbung, die wirbt, zeigt Ursachen einer besonderen Markenleistung oder installiert Bilder, welche die Leistung (be-)greifbar machen. Starke Werbung sucht nur im Unternehmen nach Dingen mit Erzählpotenzial.

4.3 Überzeugen in sozialen Netzwerken

Vorweg gesagt: Jede zuvor getätigte Aussage gilt auch für die Kommunikation in sozialen Netzwerken. Bedauerlicherweise scheinen viele Firmen diesen Punkt anders zu sehen: Altehrwürdige Versicherungen, in deren Gebäude sich kein Angestellter unbeschlipst hineinwagen würde, Traditionsunternehmen, bei denen kühle Säulenhallen mit Marmorfußböden Gäste „empfangen", beginnen auf Facebook zu duzen und sich betont jovial zu geben. Es fehlt nur noch ein Foto vom 63-jährigen Vorstand mit Basecap ... Bei Betrachtung einiger Facebook-Firmenpräsenzen könnte der analytische Betrachter sich in ein Paralleluniversum versetzt fühlen, in dem alles erlaubt ist. Oder bei nüchterner Betrachtung auf die Frage kommen, wer dem Praktikanten erlaubt hat, seine ungezügelte Kreativität auf dieser Plattform auszulassen ...

Social Media sind keine Werbe-Spielwiese

Es ist ein Beweis für die enorme Markenkraft von Facebook, dass es dieser jungen Marke gelingt, dass sich gestandene Unternehmen ohne mit der Wimper zu zucken deren Regeln unterwerfen. Das allgegenwärtige Duzen im Bereich Social Media ist hierfür ein Beleg, selbst Stromversorger RWE ist im Internet mit der ganzen Welt per Du: „Diskutiert mit! Morgen schalten wir bei der RWE-Hauptversammlung eine Twitter-Wall live." Eine Marke ist nicht umgehend jung und frisch, nur weil sie im „coolen" Social Web unterwegs ist, das Aktualität bzw. Frische ausstrahlt (noch).

Fans sind keine Käufer

Sicherlich ist ein Grund für den Erfolg von Facebook & Co. einleuchtend: Posts vom Unternehmen können kostenlos verbreitet werden. Auch Anzeigen auf Facebook zur Akquirierung von „Fans" kosten überschaubare Budgets. In Zeiten, in denen Werbekosten zunehmend kritisch betrachtet werden, wirkt dieser Vorteil anziehend. Globalmarken wie Disney oder Starbucks erreichen – theoretisch(!) – mit einer online gestellten Information auf einen Schlag bis zu 20 Millionen Menschen bzw. „Fans". Derartige Zahlen machen die Bedeutung der Netzwerke deutlich, zeigen aber gleichzeitig die Verantwortung, die der „Social Media Manager" trägt: Er oder sie erreicht ohne Umstände und Kontrollmechanismen Millionen Menschen. Es ist klar, dass die theoretische Möglichkeit, über einen einzigen Post für eine solche „Welle" zu sorgen, Begehrlichkeiten weckt. Doch wie leicht „liken" wir etwas – vollkommen unverbindlich? Ohne jede Kaufabsicht?

Wird der sorgsam von den profitorientierten Dienstleistern der Netzwerkszene inszenierte Hype mit etwas Abstand betrachtet, lassen sich drei Punkte erkennen, die helfen, das neue Medium sachlich einzuschätzen:

- Soziale Netzwerke kennzeichnen dieselben Erfolgsregeln wie die traditionelle Markenführung.
- Die Präsenz in sozialen Netzwerken ist normaler Bestandteil der Markengestalt.
- Soziale Netzwerke fungieren wie Katalysatoren – allerdings sind die Auswirkungen der Aktionen (positiv wie negativ) aufgrund des „Bekenntnischarakters" der Fans schneller und strukturverändernder als bei klassischen Kommunikationsmedien.

Auch im Netz bleibt Marke Marke

Auch und gerade in den unendlichen Weiten des Internets ist und bleibt Vertrauen die härteste Währung. Kein Verantwortlicher sollte sich von den ohne jeden Zweifel vorhandenen Möglichkeiten sozialer Plattformen zu Überreaktionen verleiten lassen. Eines ist sicher: In den nächsten Jahren werden neue Plattformen und Internetgewohnheiten entstehen und zu Massenphänomenen heranreifen, während andere Angebote ihren Zenit überschritten haben. Der einzig fundamentale Wert der Marke bleibt das kollektive Vertrauen in einen bestimmten Namen – auch im Internet. Dabei gibt jede Marke ihren Stil vor, und wenn es nicht möglich ist, ihn adäquat umzusetzen, heißt es offensiv: Nein, das können wir nicht mitmachen, weil ... Denken Sie daran: Grenzen komprimieren Markenkraft.

So stellen Sie Markenkraft im Internet sicher

Machen Sie sich die kommunikative Zielsetzung klar:

- Soziale Netzwerkaktivitäten müssen – direkt oder indirekt – Wertschöpfung erzielen und vorverkaufen!
- Soziale Netzwerkaktivitäten müssen für die an der Marke Interessierten nützliche Angebote bieten und das Marken-Leistungsportfolio widerspiegeln.

Stellen Sie sich die folgenden Fragen. Achtung: Jedes „Nein" bedeutet potenzielle Schwierigkeiten für Ihre Aktivität:

1. Passt die computergestützte Kommunikation zu Ihrem Marken- und Werbeauftritt?
2. Sind Ihre Leistungen von derartigem Interesse, dass Sie sich selbst vorstellen könnten, sich damit in Ihrer Freizeit auseinanderzusetzen?
3. Hat Ihr Unternehmen ausreichend und vor allem gut geschulte Mitarbeiter zur Netzwerkpflege?
4. Sind Sie in der Lage, vor Beginn Ihrer Netzwerkaktivitäten ein eindeutiges Regelwerk auszuarbeiten, das den Rahmen vorgibt?
5. Sind Sie dauerhaft in der Lage, leistungsorientiert zu kommunizieren?

6. Kennen Sie markenspezifische Leidenschaften Ihrer Anhängerschaft?
7. Verfügen Sie mindestens über fünf beispielhafte Posts, die vorgeben könnten, wie zukünftige Posts aussehen müssen?
8. Sind die Aktivitäten auf Ihre Kenner und Anhänger ausgelegt?
9. Sind Ihre Posts so eigenständig, dass nur Ihre Marke damit in Verbindung gebracht werden kann?
10. Sind Sie bereit, ungerechte und polemische Kritik öffentlich einsehbar zu behandeln?

Schützen Sie Ihre Marke – auch im Netz

Sofern Sie nicht sicherstellen können, dass die Integrität Ihrer Marke gewahrt bleibt und ihre Präsenz einen echten Mehrwert für Ihre Fans darstellt, verzichten Sie lieber auf Aktivität. Oder würden Sie Unternehmensbroschüren verschicken, die vor Fehlern strotzen?

Soziale Netzwerke sind kein Sonderfall zwischenmenschlicher Kommunikation. Für die Marke bedeutet dies, ihre Stilistik im Netzwerk sicherzustellen und durchzusetzen. Ist dies nicht möglich: Finger weg. Auch im Internet gilt: Jede Social-Media-Präsenz muss Markenvorurteile bestätigen, sonst schwächt die Marke sich selbst.

30 MINUTEN

5. Checklisten für Ihre Werbung

Heutzutage vertrauen zwar 90 Prozent aller Deutschen den Empfehlungen von Verwandten und Freunden hinsichtlich eines Produktes, aber nur ein Drittel vertraut der Werbung. Die Aufgabe von Werbung ist es daher, die Kommunikation so zu gestalten, dass sie auf das vorhandene positive Vorurteil einzahlt – also vorhandenes Vertrauen weiter vertieft. Hans Domizlaff, Begründer der Markentechnik, schrieb vor fast 70 Jahren: „Die Masse braucht den Glauben an die eigene Initiative." (Deichsel 1992, S. 163) Das bedeutet, dass es Aufgabe des Werbetreibenden ist, Material so aufzubereiten, dass die gewünschten Schlüsse bei möglichst vielen Menschen entstehen – vollkommen freiwillig. Um die individuelle Attraktivität von Marken und ihre möglichst reibungslose Übertragung in die Unternehmenskommunikation sicherzustellen, finden Sie auf den Folgeseiten ausgewählte Grundsätze und Gesetzmäßigkeiten zur „Gestaltung" guter Werbung checklistenartig aufbereitet und zusammengefasst.

5.1 Fünf Grundsätze resonanz-starker Werbung

Erfolgreiche Werbung beruht in den seltensten Fällen auf einem genialen Einfall. Erfolgreiche Werbung folgt überprüfbaren sozialen und markensoziologischen Gesetzmäßigkeiten. Soziologisch fundierte Werbung setzt sich zum Ziel, positive Vorurteile in einer für das Unternehmen relevanten Gruppe zu verankern. Die fünf wichtigsten Grundsätze, die Ihnen erlauben, eine Werbung auf ihre Verankerungsfähigkeit zu überprüfen, sind im Folgenden aufgeführt.

1. Thema ist nur die eigene Leistung

Jedes Unternehmen ist mit seinen Dienstleistungen und Produkten nur deshalb auf dem Markt, weil es erkennbar Besonderes leistet – manchmal ist es vielleicht nur ein Detail, aber ebendieses Detail führt dazu, dass Menschen genau diese Firma aus der Unübersichtlichkeit moderner Warenmärkte auswählen. Dieser Umstand bedingt, dass die Werbung eines Unternehmens ebenfalls detailorientiert und unverwechselbar sein muss. Jedes Unternehmen hat über die Zeit bestimmte Vorstellungen in den Köpfen der Menschen verankert, für die es im Markt bekannt ist. Diese Vorstellungen geben die thematischen und stilistischen Verpflichtungen für die Werbung vor. Werbekreationen, die nicht ihren Ursprung in der Leistungsgeschichte der Firma haben, mögen kurzfristig zu Erfolg und Aufmerksamkeit führen, langfristig wird allerdings kein positives Vorurteil aufgebaut bzw. gestärkt. Wenn Werbung und Produkterfahrung gleich gerichtet sind, so kommt es automatisch zur Bestätigung bestimmter (kommunizierter) Erwartungen: Es wird wiedererkannt. Wiedererkennen erzeugt Wohlbefinden. Eine bestätigte Vorstellung ist die Basis für Vertrauen, das intensivste und preiswerteste Mittel der Kundengewinnung und -pflege.

2. Beschränkung auf ausgewählte Erfolgsbausteine

Werbemittel und Werbeinhalte sollten immer vom eigentlichen Leistungskreis des Unternehmens abhängig sein. In einem detailorientierten Rechercheprozess müssen Werbeverantwortliche sämtliche Veredelungsschritte eines Produktes oder einer Dienstleistung zum Material ihrer Aktivitäten machen. Auf keinen Fall darf es zu einer Abkopplung der Werbung von der Wertschöpfungskette kommen. Deshalb werden zunächst die entscheidenden Erfolgsbausteine herausgearbeitet, um sie in Hinblick auf ihre Resonanz und Verankerung zu überprüfen. Anschließend sollte sich die Kreation auf ein, höchstens zwei Inhalte konzentrieren und diese – selbstähnlich variiert – über die Zeit bespielen. Wichtig: Auch bestimmte Werbeauftritte können Erfolgsbaustein einer Marke sein, sodass ihre Anwendung zum Selbstzweck wird. So wäre Red Bull ohne seine „Verleiht Flügel"-Kampagne nicht Red Bull.

3. Einsatz eindeutiger Fakten, Beispiele und realer Kompetenzbeweise

Erfolgreiche Werbung nutzt vorhandene Denkmuster, die zu erwünschten Schlussfolgerungen führen. So sagt die Tatsache, dass eine Zahnärztin (Zahnarztfrau) eine bestimmte Zahncreme nutzt, faktisch nichts über deren Qualität aus, allerdings nehmen wir an, dass eine Fachfrau bewerten kann, ob etwas gut ist. Dieser (Trug-) Schluss ist zwar unlogisch, aber den menschlichen Drang, alles in einen kausalen Zusammenhang zu bringen, nutzt erfolgreiche Werbung aus. Am besten gelingt Werbung, wenn sie konkret und nacherzählbar auftritt. Menschen merken sich nur Konkretes, deshalb nutzen gute Werber Fakten. Aus ihnen konstruiert die menschliche Psyche automatisch, also ohne dass wir nachdenken, abstrakte Urteile. Dieser Automatismus verpflichtet jeden Werbetreibenden, möglichst konkretes Überzeugungsmaterial aufzubereiten.

4. Berücksichtigung des selbstähnlichen Werbemusters

Nivea ohne Blau wäre nicht Nivea, Beck's Bier ohne Segelschiff nicht Beck's Bier, Telekom ohne Jingle nicht Telekom. Keine dieser Marken macht seit Jahren identische Werbung, und doch ist es ihnen gelungen, „typisch" aufzutreten und sich im kollektiven Gedächtnis zu verankern. Erfolgreiche Marken verfügen stets über ein selbstähnliches Werbemuster. Damit wird die Beibehaltung und Variation spezifischer Gestaltungsmerkmale bezeichnet. Der Einsatz selbstähnlicher Werbemuster reduziert den Aufwand, um Botschaften zu verankern, weil es nur noch weniger erlernter Impulse bedarf, um in der Kundschaft bestimmte Vorstellungen bzw. Kaufimpulse hervorzurufen.

5. Einbindung kollektiver Resonanzmuster

Es gibt kein Produkt, keine Dienstleistung, die ohne räumliche oder ideelle Herkunft auskommt – selbst eine „No-Name-Billigmarke" ruft charakteristische Vorstellungen über „die Billigware" hervor. Kurzum: Eine Ware kommuniziert immer.

Menschen komponieren aus bestimmten Herkünften bestimmte Bilder, Kategorien und Einordnungen. Diese Konnotationen, also kollektiv geteilten Erfahrungswerte, stehen Firmen zwecks Vertrauensbildung zur Verfügung – kostenfrei. So wirkt die Bezeichnung „Französischer Rotwein" oder gar „Vin de Bordeaux" anders als ein simples „Rotwein" – den einen trinkt man im Gourmet-Tempel, den anderen auf der Parkbank. Guter Werbung kommt daher die Aufgabe zu, vertrauensfördernde Resonanzfelder zu recherchieren und prägnant einzusetzen.

Die markenstärkende Qualität einer Werbung hängt davon ab, wie eindeutig und unverwechselbar sie auf die individuelle Leistung des Unternehmens verweist.

5.2 Schwache Werbung stoppen: typische Werbersprüche

Es ist wichtig, typische Fehlentwicklungen frühzeitig zu erkennen, bevor das Geld verbrannt ist. Folgende beispielhafte Formulierungen sind Alarmzeichen dafür, dass die Werbung mit dem wirtschaftenden Unternehmen rein gar nichts zu tun hat.

„Ihre Werbung muss emotionaler werden …"
Ein Evergreen! Kaum ein Werber, der nicht genau diese Phrase benutzt, um durchgesetzte Werbungen vom Tisch zu fegen. Wenn Werbung Emotionen in das Zentrum seiner Aktivität rückt, so wendet sich der Fokus automatisch von den Leistungen des Auftraggebers ab.
Unternehmen möchten „emotional" auftreten – am liebsten, indem sie „Freude" erzeugen. In dem Moment, in dem vor allem „Freude" erzeugt werden soll, zahlt der Kommunikationsinhalt nicht auf ein spezifisches Unternehmen ein – stattdessen verliert sich die Werbung in Unbestimmtheit, denn Freude ist ein universelles Phänomen und somit austauschbar. Für die Agentur ist die Emotionalisierung von Werbung ein Glücksfall: Nicht mehr das zahlende Unternehmen steht im Mittelpunkt, sondern nur noch das Gefühl. Eine intensive Beschäftigung mit dem Auftraggeber entfällt – die Schublade mit dem letzten abgelehnten Entwurf kann wieder geöffnet werden. Werbung, die mit dem Credo

der Emotionalisierung arbeitet, ist austauschbar und nutzt das Unternehmen nur als Projektionsfläche werblicher Selbstdarstellungstendenzen.

„Wir müssen ein neues Image aufbauen."

Kaum ein Unternehmen ist mit seinem Image zufrieden. Images entstehen allerdings nicht über Nacht. Images, soziologisch formuliert: Vorurteile, sind „erhärtetes soziales Vertrauen". Über einen zumeist langwierigen Prozess der Neugier, des Erstversuches, der wiederholenden Bestätigung und schließlich der vertrauensvollen Routine entsteht eine Vorstellung über ein Produkt oder eine Dienstleistung. Die Vorstellung, über eine Marke oder ein Produkt ad hoc ein neues Image „bauen" zu können, ist Quatsch. Images sind immer Wirkungen konkreter Ursachen über die Zeit. Ergo: Images, die nicht aus realen Ursachen resultieren, sind wirkungslos und nicht dazu geeignet, die Vorstellungswelt dauerhaft umzupolen. Werbung und Unternehmen werden zu zwei getrennten Aktionskreisen, die sich nicht gegenseitig stärken.

„Die Kundschaft stirbt weg."

Egal in welcher Branche – immer wird über das Aussterben der Kundschaft lamentiert. Man sollte dem Ruf nach Jugend nie ungeprüft nachgeben. Stattdessen sollte die Altersstruktur der Kundschaft über möglichst lange Zeit zurückverfolgt werden. Zumeist stellt sich heraus, dass die Alterszusammensetzung sich über Jahre oder Jahrzehnte betrachtet kaum verändert. Bei Altersstrukturen geht es daher immer um eine langfristige Entwicklung.

Der Ruf nach Jugend hat meist zur Folge, dass sich ein Unternehmen von seiner bisherigen Werbestruktur entfernt, um einer vermeintlich attraktiven Zielgruppe zu entsprechen. Entsprechung oder auch Anbiederung ist das Gegenteil einer attraktiven Unternehmung, denn sie orientiert sich nicht mehr an der eigenen Struktur, sondern nimmt Wünsche einer ominösen Zielgruppe auf – diese Strategie ist langfristig nicht dazu geeignet, um als unverwechselbarer Anbieter wahrgenommen zu werden. Übrigens: Die Menschen werden immer älter! Die wegsterbende Kundschaft ist eine Mär.

„Das Produkt/Die Dienstleistung ist typischer ‚low interest' bzw. ‚bread and butter'."

Angebote firmenintern mit „low interest" oder „bread and butter" zu bezeichnen, ist eine dreiste Entwertung der wirtschaftlichen Existenzgrundlage der Firma. Meist handelt es sich um *die* Ertragsbringer über lange Zeit – eine Respektlosigkeit und Verkennung der Leistungsträger. Noch schlimmer sind die internen Folgen solcher Ansichten: Alles, was von niederer Bedeutung ist, kann aus dem Werbefokus genommen werden. Anstatt also das Produkt zu thematisieren, ist die Folge der Entwertung, dass sämtliche Kommunikationsmotive außerhalb gesucht werden; schließlich ist das Produkt ja „nahezu" bedeutungslos. Allerdings: Wäre es nebensächlich, so würde es sich eben nicht derart bequem verkaufen. Vielmehr handelt es sich bei diesen Produkten, um die eigentlichen „Goldreserven" des Unternehmens, die den guten Ruf der Marke bedingen und erst dazu geführt haben, dass der Kunde ohne nachzudenken ins Regal greift – sie benötigen Pflege und Hochachtung.

„Wir müssen den USP definieren."
Klassische Aufgabe eines USP war zu Zeiten seiner Entwicklung durch den Werber Rosser Reeves, das entscheidende Differenzierungsmerkmal herauszuarbeiten und zu kommunizieren. Dieses Merkmal war stets konkret. Heute haben viele USPs interessante Definitionen, z. B. „Produkt X macht den Alltag leichter", und sind somit hochgradig interpretationsoffen. Denn Menschen stellen sich unter Erleichterung sehr unterschiedliche Dinge vor. Die Reduzierung auf einen abstrakten USP macht zumindest die Arbeit für die Agentur leichter: Sie nutzt nämlich ebendiese Interpretationsfreiheit, um ihre Kreationsarbeit in den Vordergrund zu stellen. Damit wird nicht die Einmaligkeit der Marke dargestellt, sondern allenfalls eine originelle Idee der Agentur.

Eine Werbeagentur verfolgt eigene Ziele und besitzt eigene Motivationen. Dies ist verständlich. Unverständlich ist, wenn 08/15-Lösungen für eine

höchst individuelle und verantwortungsvolle Auf-
gabe wie Markenwerbung angeboten werden.
Jede Marke ist nur aus sich selbst erklärbar: Jede
gute Werbung ist unübertragbar. Daher: Zerlegen
Sie jede Phrase, die Ihnen serviert wird.

5.3 Acht Regeln zum Umgang mit Werbeagenturen

Wir haben im Folgenden die acht Erfolgsregeln zum Umgang mit Werbeagenturen für Sie zusammengefasst. So stellen Sie sicher, dass sich eine Agentur explizit mit Ihnen und Ihren Leistungen auseinandersetzt und Sie nicht die von einem anderen Kunden vor einer Woche abgelehnte Kampagne erhalten!

1. Eine Marke wird durch Inhalte zur Marke.

Abstrakte Aussagen sind so wirksam wie keine Aussagen. Ist Ihre Werbung konkret gehalten? Vermeiden Sie abstrakte Begriffe wie Qualität, Innovation, Tradition, Service- oder Kundenorientierung. Verwendet Ihre Agentur solche Begriffe, fragen Sie nach, wie diese Schlagwörter Ihr Unternehmen differenzieren sollen und ob sie nicht genauso passend für Ihre Konkurrenz sind. Ihr Vorteil: Ab jetzt muss sich die Agentur mit Ihnen als einem individuellen Kunden auseinandersetzen. Die eigentliche Arbeit beginnt.

2. Suchen Sie nur bei sich selbst nach Werbematerial.

Alles, was ein Kunde von Ihrer Marke wahrnehmen kann, ist der von Ihnen eingesetzte Inhalt – und der muss aus dem Unternehmen stammen. Nur die eigene Leistung hilft, die Marke zu verankern. Eine Marke ist niemals abgekoppelt vom Tagesgeschäft: Lassen Sie sich von keiner Agentur etwas anderes erzählen. Die Beschäftigung mit dem „profanen" Tagesgeschäft mag Ihrem Dienstleister Arbeit machen, sie ist allerdings Voraussetzung dafür, dass Ihre Investition auf die Marke und nicht auf die Agentur einzahlt.

3. Verboten: Erklärungen der Agentur.

Gerne stellen Agenturen ihre Ergebnisse im Rahmen aufwendiger Präsentationen dar. So wird suggeriert, dass nur diese eine Lösung gut sein kann. Verbieten Sie es! Je mehr „pseudoeindeutige" Zahlen und Erkenntnisse, desto mehr Luft dahinter! Wahrscheinlich wollte man sich nicht mit Ihnen beschäftigen. Die Anstrengung für derartige Überzeugungsarbeit bei der Geschäftsführung sollte in die dezidierte Analyse Ihrer Leistung fließen. Setzen Sie durch, dass die Agentur ihre Ergebnisse einfach so zeigt – wortlos, ohne Erklärungen. Gute Werbung funktioniert ohne Fußnoten, genau das macht sie aus.

4. Fordern Sie Gesprächsprotokolle.

Koppeln Sie einen Auftrag an die Bereitschaft der Agentur, sich mit Ihren Leistungen zu befassen. Würden Sie einen ungelernten Hilfsarbeiter an Ihre teuerste Maschine lassen oder den Praktikanten zum wichtigsten Kunden schicken? Warum gilt für Werbung etwas anderes? Wie kann jemand Interesse für eine Firma wecken, die er selbst nicht kennt?

Die Erstellung von Werbung sollte ausnahmslos mit der intensiven Beschäftigung mit Ihren Leistungen und Ihrer Leistungshistorie verbunden werden: Interviews mit Mitarbeitern aller(!) Unternehmensbereiche sind Grundlage für eine individuelle Werbestrategie. Lassen Sie Protokolle anfertigen, die für Sie überprüfbar machen, dass man sich mit Ihnen beschäftigt hat und die „Kreativauswürfe" nicht recycelte Produkte aus der Ablage der Agentur sind.

5. Auch für Werbung gilt: Erfolg ist messbar.

Viele Berater erklären Ihnen, dass man den Erfolg von Werbung nicht direkt messen kann. Werbung wird als Kunstform dargestellt, die sich nicht in Zahlen pressen lässt. Welch schöner Gedanke. Allerdings nicht für ein Wirtschaftsunternehmen, das Gewinn machen muss. Werbung hat nur eine Funktion: Sie soll die Ertragskraft des Unternehmens nachhaltig sichern und stärken.

Koppeln Sie die Bezahlung an definierte Erfolgskriterien: Rücklaufquoten oder Verkaufsmengen. Sie werden sehen, dass die Agentur so gezwungen ist, die Argumente zu erarbeiten und herauszustellen, welche zum Kauf und nicht zum Bewundern einladen.

6. Trend ist ein anderes Wort für Minderheit.

Wenn es mal wieder um einen Trend geht, auf den „saspo" reagiert werden muss, denken Sie daran: Trend ist das Gegenteil von Marke. Nur das Nicht-Durchgesetzte macht den Trend zum Trend. Marke dagegen ist das variierte Gleiche, das der Kunde schätzt und deshalb kauft. Schnell wird das Thema der vergreisenden Kunden angesprochen – und die Rettung liegt genau in diesem neuen Trend. Aber: Wer dem Trend folgt, folgt der Minderheit. Damit eine Marke stark bleibt, muss sie die Eigenschaften, die sie stark gemacht haben, zeitgemäß reproduzieren. Es ist Aufgabe der Werbung, Bewährtes modern darzustellen und Trends – markenstärkend – zu integrieren. Dies setzt voraus, dass bekannt und bewusst ist, wer und was man ist.

7. Emotionen allein helfen nicht. Sie müssen mit der Leistung verkoppelt werden.

Werber behaupten, dass positive Emotionen Aufmerksamkeit schaffen und diese Gefühle auf das beworbene Produkt übertragen werden. Scherze kämen besonders gut an. Stimmt das? Nein. Wer einmal das Pech hatte, zwei Minuten Radiowerbung hören zu müssen, der weiß: Gackern, Glucksen und Geschrei führen zu Kopfschmerzen, aber nicht zu erhöhter Aufmerksamkeit. Auch ein sehr großer Lacher hat nichts mit einem Kaufimpuls zu tun. Witze sind erlaubt, wenn sie Ihre Leistung logisch und prägnant verankern. Achtung: Witzigkeit kann im Gegenteil Ihre Leistung schmälern oder sogar die eigene Marke lächerlich machen.

8. Der K.-o.-Test für Ihre Werbung.

Liegt endlich die hart erarbeitete Anzeige oder der Hochglanzkatalog vor Ihnen, dann verdecken Sie Ihr Logo mit den Händen oder denken Sie es sich weg. Stellen Sie sich jetzt nur eine Frage: Ist auf den ersten Blick erkennbar, dass es sich um „mein" Unternehmen handelt? Erst wenn dies eindeutig gewährleistet ist, zahlt die Werbung auf die Marke ein. Wenn eine Anzeige nicht verdeutlicht, ob Unternehmen A oder B beworben wird, hilft sie weder potenziellen Kunden bei der Kaufentscheidung noch der Firma beim Geldverdienen.

„Nicht die Werbung soll bewusst werden, sondern das Markenvertrauen soll unterbewusst gestärkt werden", definiert Hans Domizlaff den entscheidenden Anspruch an Werbung (Domizlaff 1992, S. 113). Es geht ausschließlich um die individuelle wie authentische Darstellung Ihrer Markenleistung, nicht um die Werbung an sich.

Abschlussbemerkung: Werbung ohne Mythos

Werbung darf niemals ein Zufallsergebnis sein, welches auf dem persönlichen ästhetischen Empfinden der Entscheider beruht, sondern muss sich aus Inhalten bilden, die im Unternehmen und seiner Leistungsgeschichte liegen. Dies erfordert eine intensive und weitreichende Analyse der Unternehmensgeschichte bis zum heutigen Tag. Unternehmen und ihre werbliche Kommunikation sind keine beliebig aufladbaren Oberflächen mit unterschiedlichen Logos, sondern Vertrauenssysteme mit eigenen Ge- und Verboten, die sozialen Wechselwirkungen auf Basis feststehender Dynamiken unterliegen. Alles für ein Ziel: Die Werbung muss die Leistungsmerkmale des Unternehmens in ein wiedererkennbares Muster übertragen und dabei die Resonanzfelder einsetzen, welche die Leistung vertrauenswürdig positionieren und unterstützen.

Die „schöne Werberwelt" redet vielen Menschen ein, Werbung müsse kreativ sein – lösen Sie sich von dem falschen Mantra! Es gibt keinen anderen Grund für den Verbraucher, ein Produkt zu kaufen, als den Glauben an die Qualität, die Preiswürdigkeit oder die Gewohnheit. Es kommt meist auf ganz andere Dinge an als auf die Werbung des Unternehmens. Vergessen Sie nicht: Die schönste Werbung ist immer noch diejenige, die man sich ersparen kann.

Fast Reader

1. Was macht gute Werbung aus?

Gute Werbung orientiert sich an den Markenvorgaben und lenkt die Aufmerksamkeit auf deren Produkte und ihre Fähigkeiten. Aufmerksamkeit an sich ist kein Wert: Allein das Produkt (oder die Dienstleistung) steht im Mittelpunkt der Kommunikation.
Marke ist „nur" ein positives Vorurteil innerhalb ihrer Kundschaft. Gute Werbung verankert und vertieft positive Vorurteile über eine Marke. Intensive analytische Beschäftigung mit dem Unternehmen ist Voraussetzung dafür.

30 **Werbung benötigt Fakten zum und Wissen über das Produkt. Werbung soll konkrete Leistungsbeweise der Marke möglichst eindrucksvoll in Szene setzen. Allein die besondere Markenleistung kann für (Kauf-)Resonanz im Publikum sorgen. Von der Leistung losgelöste Emotionen sind unwirksam bis kontraproduktiv.**

2. Grundlagen guter Werbung

Während Reklame auf kurzfristige Aufmerksamkeit und Effekte setzt, wirbt Werbung um langfristiges Vertrauen. Seriöser Markenaufbau erfordert ausschließlich Werbung.
Marke bedeutet, dass Menschen (Vor-)Vertrauen in eine Leistung entwickelt haben – Kundschaft ist entstanden. Jede Werbemaßnahme muss penibel darauf geprüft werden, ob sie geeignet ist, das Vertrauen in Marke und Leistung neu zu bestätigen.

Entscheidender Charakterzug einer Marke ist, dass sie in einer unüberschaubaren Welt Kontinuität verspricht. Die Kommunikation einer Marke besitzt daher die Pflicht, an jedem Kontaktpunkt erkennbar typisch aufzutreten und alle Markenvorurteile zu bestätigen: Dies geschieht in starkem Maße über Wiederholung.

3. Kreativität braucht Grenzen

Selbstähnlichkeit bezeichnet die Fähigkeit eines Systems zur „typischen" Weiterentwicklung der eigenen Gestalt. Der daraus resultierende Effekt der Wiedererkennung ist das Fundament jeder erfolgreichen Marke. Starke Werbung wandelt jede Form der Kommunikation markentypisch – selbstähnlich – um. Je einheitlicher und geschlos-

sener der Gesamtauftritt und die Kommunikation, umso höher die Anziehungskraft der Marke. Je beliebiger die Werbung, umso schwächer die Marke. Eine Marke erhält ihre Kraft und Stabilität durch die deutliche Abgrenzung von anderen Marken: Grenzen komprimieren Markenkraft.

30 **Wenn Werbung ein Anwachsen der Kundschaft erreichen will, muss sie alle positiven Vorurteile der Kundschaft immer neu bestätigen und vertiefen. Markenwachstum ist nur über die Kundschaft möglich, sie allein trägt und verbreitet die Kompetenz der Marke. Ergo: Werbung muss Stärken stärken. Nichts anderes.**

4. Effiziente Überzeugungsstrategien

Starke Werbung greift kulturelle Vorstellungen auf und nutzt sie zum Zwecke eines Unternehmens: Resonanzfelder sind massengängige Vorstellungen und Vorurteile. Sie existieren weltweit und besitzen kostenlose soziale Schubkräfte.

Nur über die Kenntnis von Ursachen kann die Kommunikation bzw. die Wirkung der Marke in eine vom Unternehmen intendierte Richtung gesteuert werden. Werbung, die wirbt, zeigt Ursachen einer besonderen Markenleistung oder installiert Bilder, welche die Leistung (be-)greifbar machen. Starke Werbung sucht nur im Unternehmen nach Dingen mit Erzählpotenzial.

Soziale Netzwerke sind kein Sonderfall zwischenmenschlicher Kommunikation. Auch im Internet gilt daher: Jede Social-Media-Präsenz muss existierende Markenvorurteile bestätigen, sonst schwächt die Marke sich selbst.

5.   Checklisten für Ihre Werbung

Die markenstärkende Qualität einer Werbung hängt davon ab, wie eindeutig und unverwechselbar sie auf die individuelle Leistung des Unternehmens verweist. Um dies sicherzustellen, schöpft gute Werbung ihre Ideen ausschließlich aus dem Fundus der Marke. Stellen Sie dies sicher.
Eine Werbeagentur verfolgt eigene Ziele. Dies ist verständlich. Unverständlich ist, wenn 08/15-Lösungen für eine höchst individuelle und verantwortungsvolle Aufgabe wie Markenwerbung angeboten werden. Jede Marke ist nur aus sich selbst erklärbar: Jede gute Werbung ist unübertragbar. Daher: Zerlegen Sie jede Phrase, die Ihnen serviert wird.

Seien Sie sich bewusst: Es geht nur um die individuelle, authentische Darstellung Ihrer Markenleistung, nicht um die Werbung an sich.

Weiterführende Literatur

- Deichsel, Alexander: Markensoziologie. Deutscher Fachverlag, Frankfurt/M., 2006 (2. Auflage).
- Deichsel, Alexander (Hrsg.): Und alles ordnet die Gestalt. Hans Domizlaff. Kriterion Verlag, Zürich, 1992.
- Domizlaff, Hans: Die Gewinnung des öffentlichen Vertrauens. Ein Lehrbuch der Markentechnik. Marketing Journal, Hamburg, 1992 (Neuauflage).
- Errichiello, Oliver: Markensoziologische Werbung. Gabler Verlag, Wiesbaden, 2012.
- Errichiello, Oliver/Zschiesche, Arnd: Erfolgsgeheimnis Ost: Survival-Strategien der besten Marken – und was Manager in Ost und West davon lernen können. Gabler Verlag, Wiesbaden, 2009.
- Errichiello, Oliver/Zschiesche, Arnd: Markenkraft im Mittelstand. Was jeder Manager von Dr. Klitschko und dem Papst lernen kann. Gabler Verlag, Wiesbaden, 2012 (2. Auflage).
- Reeves, Rosser: Werbung ohne Mythos. Kindler, München, 1963.
- Zschiesche, Arnd/Errichiello, Oliver: Marke ohne Mythos. Das erste ehrliche Markenbuch oder warum so viele Menschen einen MINI brauchen. GABAL Verlag, Offenbach, 2013.
- Zschiesche, Arnd/Errichiello, Oliver: 30 Minuten Markenführung. GABAL Verlag, Offenbach, 2012.

Register